34,-

# ISR 46

Interdisciplinary Systems Research
Interdisziplinäre Systemforschung

Wolfgang Birkenfeld

# Methoden zur Analyse von kurzen Zeitreihen

## Simulation stochastischer Prozesse und ihre Analyse im Frequenz- und Zeitbereich, einschliesslich Maximum-Likelihood-Schätzungen

1977 Birkhäuser Verlag, Basel und Stuttgart

CIP-Kurztitelaufnahme der Deutschen Bibliothek

**Birkenfeld, Wolfgang**
Methoden zur Analyse von kurzen Zeitreihen:
Simulation stochast. Prozesse u. ihre Analyse
im Frequenz- u. Zeitbereich, einschl.
Maximum-Likelihood-Schätzungen. — 1. Aufl. —
Basel, Stuttgart: Birkhäuser, 1977.
(Interdisciplinary systems research; 46)
ISBN 3-7643-0955-5

Für M. M.

# INHALTS - VERZEICHNIS

# 1. Einleitung

Beobachtungsdaten wirtschafts- oder sozialwissenschaftlicher Phänomene fallen häufig in Form von Zeitreihen an, zu deren Analyse eine Vielzahl von Verfahren in der statistischen Fachliteratur vorgeschlagen wird.

Nach dem historisch älteren Ansatz der Komponentenzerlegung einer Zeitreihe befaßt man sich heute nahezu ausschließlich mit Analyseverfahren, die auf der Theorie der stochastischen Prozesse beruhen. Im Rahmen dieses Konzepts werden Zeitreihen als Realisationen solcher Prozesse, d.h. als Ergebnisse von Zufallsexperimenten, aufgefaßt. Zeitreihenanalyse in diesem Zusammenhang bedeutet die Untersuchung der zugrundeliegenden Prozesse, die als schwach stationär angenommen werden. Die Analyse kann im Zeit- oder im Frequenzbereich [2. Kapitel] durchgeführt werden.

Analyseverfahren auf der Grundlage der Theorie stochastischer Prozesse haben jenseits ihrer besseren theoretischen Fundierung eine gravierende Schwäche: der Mangel an nicht-asymptotischen Aussagen über die verwendeten Schätzfunktionen. Als Konsequenz wird für Analysen eine Reihenlänge von 100 bis 200 Werten als wünschenswert, wenn nicht gar notwendig, angesehen. Zeitreihen, speziell ökonomische, stehen in einer derartigen Länge aber meist nicht zur Verfügung.

Das Ziel der vorliegenden Arbeit ist die Untersuchung der Grundlagen dieser Analyseverfahren, d.h. die Untersuchung von Schätzfunktionen für die Momentfunktionen (Zeitbereich) und die Spektraldichten (Frequenzbereich) stochastischer Prozesse unter dem Gesichtspunkt des Schätzens aus kurzen Zeitreihen.

Der Terminus 'kurze Zeitreihe' ist nicht eindeutig definierbar. Wann eine Zeitreihe als kurz zu bezeichnen ist, hängt vom Schätzverfahren und der Struktur des erzeugenden Prozesses ab. Beispielsweise bilden 50 Reihenwerte als Realisation eines Prozesses einfacher Struktur, etwa white noise, für die Anwendung eines einfachen Schätzverfahrens, etwa Mittelschätzung, keine kurze Reihe. Wäre stattdessen die Spektraldichte eines Prozesses sehr komplizierter Struktur zu schätzen, so würden 50 Werte für dieses Vorhaben eine sicherlich kurze Reihe darstellen [Kapitel 6.3].- Deshalb werden hier etwa 15 bis 50 Werte als kurze Zeitreihe bezeichnet.

Bei der Untersuchung der bisher verwendeten Schätzfunktionen [Kapitel 3.2] soll gezeigt werden, daß nicht nur kleine Reihenlängen sondern auch, und das wurde bisher fast nie berücksichtigt, die überwiegend positive Autokorrelation von Reihen die Schätzergebnisse ungünstig beeinflussen. Deshalb wird versucht, neue Schätzfunktionen anzugeben [Kapitel 3.3], die in den speziell für ökonomische Reihen kritischen Bereichen, d.h. kurze und überwiegend positiv autokorrelierte Reihen, den bisher verwendeten Schätzfunktionen überlegen sind.

Da der vollständige und überschaubare Vergleich der statistischen Eigenschaften der bisherigen und der neuen Schätzfunktionen einer analytischen Darstellung nicht voll zugänglich ist, sollen diese Eigenschaften mit Hilfe von Simulationsexperimenten [4. Kapitel] und der Auswertung ihrer Ergebnisse [5. Kapitel] ermittelt werden.- Der erzielbare Gewinn an Schätzgenauigkeit wird im 5. und 6. Kapitel demonstriert.

Mit aufgenommen in dieses Buch wurden Maximum-Likelihood-Schätzungen und ihre praktische Anwendung [7. Kapitel], weil unter praxisnahen Bedingungen gewonnene Schätzergebnisse in der Literatur nur für Spezialfälle mitgeteilt werden, sodaß es unmöglich ist, den Gewinn an Schätzgenauigkeit im Zusammenhang mit dem Aufwand an Programmiertechnik und Rechenzeiten zu beurteilen.- Auch mit Maximum-Likelihood-Verfahren sind zum Teil beträchtliche Gewinne an Schätzgenauigkeit zu erzielen; allerdings nur um den Preis erheblicher Rechenzeiten [Kapitel 7.4] .

# 2. Zeitreihenanalyse und stochastische Prozesse



## 2.1 Zeitreihen und ihre Analyse

In ökonomischen, sozialen, technisch-naturwissenschaftlichen, medizinischen und vielen anderen Bereichen werden häufig Phänomene beobachtet, die sich im Zeitablauf verändern. Die chronologische Darstellung dieser Beobachtungen wird als Zeitreihe bezeichnet. Die Verfahren zur Analyse von Zeitreihen lassen sich im wesentlichen in zwei methodisch unterschiedliche Richtungen einteilen.

Da ist einmal der historisch ältere Ansatz der Zerlegung einer Zeitreihe $x_t$ mit

$$x_t = g_t + s_t + u_t$$

in eine glatte (oder Trend-Zyklus-) Komponente $g_t$, eine Saisonkomponente $s_t$ und eine irreguläre (oder zufällige) Komponente $u_t$

Auf diesen Ansatz, bei dem die unbekannten Komponenten auch multiplikativ verknüpft sein können, soll hier nicht weiter eingegangen werden, weil, vereinfacht ausgedrückt, eine Gleichung mit drei Unbekannten keine eindeutige Lösung besitzt und "oft gar nicht klar ist, was unter den verschiedenen Komponenten zu verstehen ist und vor allem, wie sie gemessen werden sollen" [Naeve (1969), S. 8].

Die zweite Richtung basiert auf der Theorie der stochastischen Prozesse und faßt Zeitreihen als deren Realisationen auf. Zeitreihenanalyse im Rahmen dieses Konzepts bedeutet Untersuchung des Prozesses, der ein beobachtetes Phänomen 'erzeugt' hat. Der stochastische Prozeß wird dabei, weit mehr aus methodischen als aus substanzwissenschaftlichen Gründen, als schwach stationär angenommen. Die Analyse kann im Zeitbereich oder im Frequenzbereich durchgeführt werden. Analyseverfahren im Zeitbereich und Analyseverfahren im Frequenzbereich sind jedoch nicht als Konkurrenten aufzufassen, sondern als Verbündete, die je nach Prozeßstruktur einen unterschiedlich hohen Beitrag zur Untersuchung des Prozesses leisten können.

In den folgenden Abschnitten 2.2 bis 2.7 wird ein kurzer Abriß der Theorie der stochastischen Prozesse gegeben, soweit dies zum Verständnis des Weiteren erforderlich erscheint. Ausführliche Darstellungen finden sich z.B. bei Doob [(1964)], Papoulis [(1965)] und Jaglom [(1959)]; mathematisch weniger anspruchsvolle Einführungen geben z.B. Nelson [(1973)], Chatfield [(1975)] und Bloomfield [(1976)].

## 2.2 Stochastische Prozesse

Die axiomatische Definition [cf. Papoulis (1965), S. 30] eines Zufallsexperiments E vereinigt die drei wahrscheinlichkeitstheoretischen Konzepte $\Omega, \mathcal{F}$ und P. Unter einem so definierten Zufallsexperiment E versteht man

1. Eine Menge $\Omega$ von Elementen oder Ergebnissen $\omega$. Diese Menge heißt Stichprobenraum oder sicheres Ereignis.
2. Eine Menge $\mathcal{F}$ von Teilmengen von $\Omega$, die alle Eigenschaften des Borel'schen Mengenkörpers besitzt. Diese Teilmengen werden als Ereignisse aufgefaßt.
3. Eine Mengenfunktion P, die jedem Ereignis A die Wahrscheinlichkeit P(A) zuordnet. P erfüllt die Axiome der Wahrscheinlichkeitsrechnung.

Zusammenfassend wird ein Zufallsexperiment E bezeichnet als

$$E := (\Omega, \mathcal{F}, P) \ .$$

Mit einem so gegebenen Zufallsexperiment E läßt sich ein stochastischer Prozeß wie folgt [Papoulis (1965), S. 279] definieren: Jedem Ergebnis $\omega$ des Experiments E wird genau eine reelle (oder komplexe) Zeitfunktion $x(\omega,t)$, d.h.

$$\omega \mapsto x(\omega,t) \qquad t \in M \subseteq \mathbb{R} \ ,$$

zugeordnet. Das so entstehende Ensemble von Funktionen

$$X(\omega,t) = \{x(\omega,t) \mid \omega \in \Omega, \ t \in M\} \tag{2.2.1}$$

heißt stochastischer Prozeß.- Für $X(\omega,t)$ ergeben sich 4 unterschiedliche Interpretationsmöglichkeiten [vergleiche dazu die folgende Abbildung 2.2]:

1. Für variable $\omega,t$ bezeichnet $X(\omega,t)$ ein Ensemble von Zeitfunktionen, d.h. einen stochastischen Prozeß.
2. Für festes $\omega = \omega_1$ und variables t bezeichnet $X(\omega_1,t)$ eine einzelne Zeitfunktion. Diese ist eine Realisation des Prozesses und wird Zeitreihe genannt.
3. Für variables $\omega$ und festes $t = t_1$ ist $X(\omega,t_1)$ eine Zufalls-

variable. Die Zufallsvariable $X(\omega,t_1)$ und die zu ihr gehörende Wahrscheinlichkeitsverteilung bestimmen alle möglichen Werte einer Zeitreihe zum Zeitpunkt $t_1$.

4. Für festes $\omega = \omega_1$ und festes $t = t_1$ bezeichnet $X(\omega_1,t_1)$ eine reelle (oder komplexe) Zahl.

Die spezielle Interpretation von $X(\omega,t)$ ergibt sich aus dem jeweiligen Zusammenhang. Sie wird erleichtert durch die folgende Vereinbarung: in vereinfachter Schreibweise wird ein stochastischer Prozeß mit $X(t)$ bezeichnet, wenn t in der kontinuierlichen Zahlenmenge M variiert, und mit $X_t$ für diskretes t. Analog wird eine Realisation des Prozesses, d.h. eine Zeitreihe mit $x(t)$ bzw. $x_t$ bezeichnet.

Für das Folgende wird zunächst angenommen, daß X ein reellwertiger Prozeß sei. Außerdem werden die folgenden Beziehungen überwiegend nur für zeit-diskrete Prozesse $X_t$ angegeben; der Übergang zu kontinuierlichen Prozessen $X(t)$ ist ohne Schwierigkeit möglich.

Ein Beispiel: Ein einfaches Beispiel für einen stochastischen Prozeß $X_t$ ist der sogenannte random walk, bei dem zeitlich aufeinanderfolgende Veränderungen $X_t-X_{t-1}$ der Variablen $X_t$ aus einer Grundgesamtheit mit Erwartungswert null [allgemeiner: $\mu$] unabhängig gezogen werden. Das Modell des random walk wird beschrieben durch die Gleichungen

$$X_t - X_{t-1} = U_t \qquad \text{oder}$$

$$X_t = X_{t-1} + U_t \ ,$$

wobei, wie gesagt, die $U_t$ unabhängige Zufallsvariable sind mit $E[U_t] = 0$. Jeder Schritt von $X_t$ im Zeitablauf ist zufällig und nur vom vorangegangenen [d.h. $X_{t-1}$], nicht aber von weiter zurückliegenden Schritten abhängig. Denkt man sich den Prozeß $X_t$ an einem Punkt $X_o$ gestartet, so entwickelt sich $X_t$ nach

$$X_1 = X_o + U_1$$

$$X_2 = X_1 + U_2 = X_o + U_1 + U_2$$

$$\vdots$$

$$X_t = X_o + \sum_{i=1}^{t} U_i \quad .$$

Die zufälligen Veränderungen $U_t$ könnten z.B. erzeugt werden durch das Werfen einer fairen Münze, d.h.

$$U_t = \begin{cases} +1 \text{ mit Wahrscheinlichkeit } 1/2 \\ -1 \text{ mit Wahrscheinlichkeit } 1/2 \end{cases} \quad .$$

Die folgende Abbildung 2.1 zeigt drei Realisationen (=Zeitreihen) des Prozesses $X_t$, wobei immer $X_o = 0$ gesetzt war.

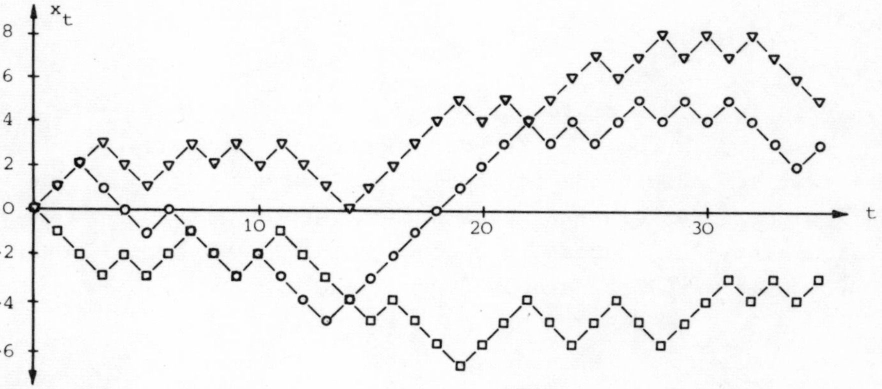


Abb. 2.1: Drei Realisationen des random walk mit gleichem Startwert $x_o = 0$

Der random walk ist eines der einfachsten Modelle für einen stochastischen Prozeß. Dennoch ist dieses Modell nicht nur von theoretischem Interesse, sondern wird z.B. zur Beschreibung von

Aktienkurs-Bewegungen erfolgreich angewendet [Granger & Morgenstern (1970), S. 71 ff.].

## 2.3 Wahrscheinlichkeitsverteilungen des stochastischen Prozesses

Betrachtet man n Realisationen eines reellwertigen und zeitdiskreten stochastischen Prozesses $X_t$, so erhält man n Zeitreihen $x_{it}$ mit $i=1,2,\ldots,n$ , wie sie in der Abbildung 2.2 für $n = 3$ schematisch dargestellt sind.

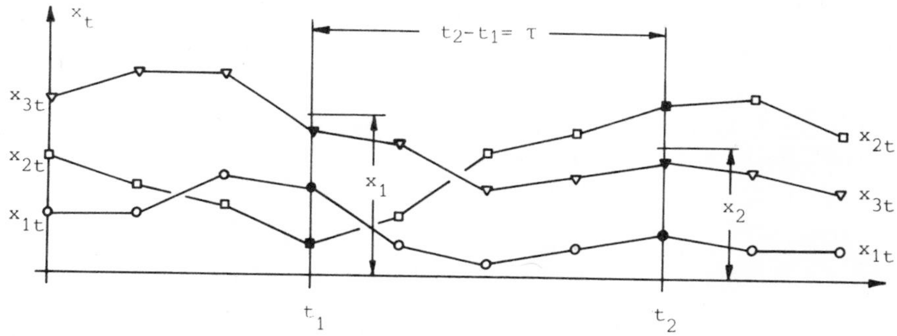


Abb. 2.2: Drei Realisationen eines reellen stochastischen Prozesses

Für einen beliebigen aber festen Zeitpunkt $t = t_1$ ist $X_{t_1}$ eine Zufallsvariable. Die Verteilungsfunktion dieser Zufallsvariablen wird dazu verwendet, den stochastischen Prozeß $X_t$ zu charakterisieren; im allgemeinen wird sie von $t_1$ abhängig sein: Für einen reellen stochastischen Prozeß $X_t$ und die reellen Zahlen $x_1$ und $t_1$ heißt die Funktion $F_1(x_1;t_1)$ mit

(2.3.1) $$F_1(x_1;t_1) = P(X_{t_1} \leq x_1)$$

Verteilungsfunktion erster Ordnung des Prozesses $X_t$ .

Die Funktion $F_1(x_1;t_1)$ gibt die Wahrscheinlichkeit des Ereignisses $\{X_{t_1} \leq x_1\}$ an. Dieses Ereignis entsteht aus allen Ergebnissen $\omega$, für die zum Zeitpunkt $t_1$ die Zeitfunktionen $x_t$ den vorgegebenen Wert $x_1$ nicht überschreiten.

Für $F_1(x_1;t_1)$ läßt sich auch eine Häufigkeitsinterpretation angeben: wird das Experiment E n-mal wiederholt, so werden n Zeitreihen $x_t$ beobachtet [cf. Abbildung 2.2]. Für zwei feste Zahlen $x_1$ und $t_1$ bezeichne $n_1(x_1)$ die Anzahl derjenigen Zeitreihen $x_t$, die zum Zeitpunkt $t_1$ den Wert $x_1$ nicht überschreiten. Damit ist

$$F_1(x_1;t_1) \simeq \frac{n_1(x_1)}{n} \quad .$$

Die Verteilungsfunktion zweiter Ordnung gewinnt man aus der Betrachtung der Zufallsvariablen $X_{t_1}$ und $X_{t_2}$ zu den Zeitpunkten $t_1$ und $t_2$ [cf. Abbildung 2.2]. Die gemeinsame Verteilung dieser beiden Zufallsvariablen wird im allgemeinen von $t_1,t_2$ abhängig sein: Für einen reellen stochastischen Prozeß $X_t$ und die reellen Zahlen $x_1,x_2;t_1,t_2$ heißt die Funktion $F_2$ mit

$$(2.3.2) \qquad F_2(x_1,x_2;t_1,t_2) = P(X_{t_1} \leq x_1 \; ; \; X_{t_2} \leq x_2)$$

Verteilungsfunktion zweiter Ordnung des Prozesses $X_t$.

In analoger Weise lassen sich für den Prozeß $X_t$ die Verteilungsfunktionen 3., 4., ..., n-ter Ordnung angeben. Abgesehen von hier nicht betrachteten pathologischen Fällen [cf. Papoulis (1965), S. 296] ist ein Prozeß $X_t$ eindeutig bestimmt, wenn alle seine Verteilungsfunktionen bekannt sind: Ein reeller stochastischer Prozeß $X_t$ ist eindeutig bestimmt, wenn seine Verteilungsfunktionen n-ter Ordnung für alle n und für alle $t_1,...,t_n$ bekannt sind

(2.3.3) $$F_n(x_1,\ldots,x_n;t_1,\ldots,t_n) = P(X_{t_1} \leq x_1;\ldots;X_{t_n} \leq x_n) \ .$$

Die Beschreibung eines stochastischen Prozesses $X_t$ mittels aller seiner Verteilungsfunktionen n-ter Ordnung ist schwerfällig und oft gar nicht zu handhaben. Man geht deshalb praktisch so vor, daß man den Prozeß nur durch die Verteilungen erster und zweiter Ordnung beschreibt. Zur Charakterisierung des Prozesses benutzt man insbesondere die Momentfunktionen erster und zweiter Ordnung, die aus den Verteilungen erster und zweiter Ordnung berechnet werden.

## 2.4 Momentfunktionen des stochastischen Prozesses

Für einen stochastischen Prozeß werden unter Verwendung der Verteilungsfunktion $F_1(x;t)$ [cf. Beziehung (2.3.1)] für jeden Zeitpunkt t univariate Momente k-ter Ordnung definiert als

(2.4.1) $$E[X_t^k] = \int_{-\infty}^{+\infty} x^k \, dF_1(x;t) \quad .$$

Das in dieser Gleichung angegebene Integral ist ein uneigentliches Stieltjes-Integral. Diese Darstellungsweise ist hier deshalb von Vorteil, weil damit nicht zwischen diskreten und kontinuierlichen Zufallsvariablen $X_t$ [für festes t!] unterschieden werden muß. Stieltjes-Integrale werden z.B. von Natanson [(1969), S. 255 ff.] ausführlich behandelt.

Zur Charakterisierung eines Prozesses $X_t$ sind von besonderem Interesse die Mittelwertfunktion $\mu_t$

(2.4.2) $$\mu_t = E[X_t] = \int_{-\infty}^{+\infty} x \, dF_1(x;t)$$

und die Varianzfunktion $\sigma_t^2$

(2.4.3) $$\sigma_t^2 = E[(X_t-\mu_t)^2] = \int_{-\infty}^{+\infty} (x-\mu_t)^2 \, dF_1(x;t) = Var[X_t] .$$

Analog zu (2.4.1) werden für den Prozeß $X_t$ unter Verwendung der Verteilungsfunktion $F_2(x_1,x_2;t_1,t_2)$ [cf. Beziehung (2.3.2)] für die Zeitpunkte $t_1,t_2$ bivariate Momente (j+k)-ter Ordnung definiert als

(2.4.4) $$E[X_{t_1}^j X_{t_2}^k] = \int_{-\infty}^{+\infty}\int_{-\infty}^{+\infty} x_1^j \, x_2^k \, dF_2(x_1,x_2;t_1,t_2) \quad .$$

Zur Charakterisierung eines Prozesses $X_t$ ist hier die Autokovarianzfunktion $\gamma_{t_1,t_2}$ von besonderem Interesse. Sie ist definiert als

(2.4.5) $$\gamma_{t_1,t_2} = E[(X_{t_1}-\mu_{t_1})(X_{t_2}-\mu_{t_2})] = Cov[X_{t_1},X_{t_2}]$$
$$= \int_{-\infty}^{+\infty}\int_{-\infty}^{+\infty}(x_1-\mu_{t_1})(x_2-\mu_{t_2}) \, dF_2(x_1,x_2;t_1,t_2) \quad .$$

Für $t_1 = t_2$ ist natürlich [cf. Abbildung 2.2]

$$\gamma_{t_1,t_1} = Cov[X_{t_1},X_{t_1}] = Var[X_{t_1}] = \sigma_{t_1}^2 \quad .$$

Da $\gamma_{t_1,t_2}$ abhängig ist vom Maßstab, in dem $X_t$ gemessen wird, ist es zweckmäßig, eine standardisierte Funktion für Vergleiche einzuführen: die Autokorrelationsfunktion $\rho_{t_1,t_2}$

(2.4.6) $$\rho_{t_1,t_2} = \frac{\gamma_{t_1,t_2}}{\sigma_{t_1}\sigma_{t_2}} \quad .$$

Allgemein lassen sich multivariate (genauer: n-variate) Momente $(k_1+k_2+\ldots+k_n)$-ter Ordnung

$$E[X_{t_1}^{k_1} X_{t_2}^{k_2} \ldots X_{t_n}^{k_n}]$$

zur Beschreibung des stochastischen Prozesses $X_t$ verwenden. Sie besitzen aber keine große praktische Bedeutung.

Zum Abschluß dieses Abschnitts 2.4 soll noch die Matrix-Schreibweise für einen Prozeß und seine Momente eingeführt werden. Zum einen wird diese Schreibweise im 7. Kapitel benötigt; andererseits soll sie hier unter anderem dazu dienen, die Notwendigkeit der Betrachtung stationärer Prozesse deutlich zu machen.

Im Abschnitt 2.2 wurde gezeigt, daß T Werte $x_1, x_2, \ldots, x_T$ einer Zeitreihe Realisationen der Zufallsvariablen $X_1, X_2, \ldots, X_T$ sind. Der Zufallsvektor $\mathbf{X}$ mit

$$\mathbf{X} = \begin{bmatrix} X_1 \\ X_2 \\ \vdots \\ X_T \end{bmatrix}$$

stellt also einen Ausschnitt des stochastischen Prozesses $X_t$ dar. Anstelle der Mittelwertfunktion $\mu_t$, die mit (2.4.2) gegeben war, wird jetzt der Mittelwertvektor $\boldsymbol{\mu}$ mit

$$E[\mathbf{X}] = \begin{bmatrix} E[X_1] \\ E[X_2] \\ \vdots \\ E[X_T] \end{bmatrix} = \begin{bmatrix} \mu_1 \\ \mu_2 \\ \vdots \\ \mu_T \end{bmatrix} = \boldsymbol{\mu} \qquad (2.4.7)$$

betrachtet und anstelle der Kovarianzfunktion $\gamma_{t_1,t_2}$, die mit (2.4.5) gegeben war, betrachtet man jetzt die Kovarianzmatrix $\boldsymbol{\Sigma}$

$$E[(\mathbf{X}-\boldsymbol{\mu})(\mathbf{X}-\boldsymbol{\mu})'] = \begin{bmatrix} E[(X_1-\mu_1)^2] & E[(X_1-\mu_1)(X_2-\mu_2)] & \dots & E[(X_1-\mu_1)(X_T-\mu_T)] \\ E[(X_2-\mu_2)(X_1-\mu_1)] & E[(X_2-\mu_2)^2] & \dots & E[(X_2-\mu_2)(X_T-\mu_T)] \\ \vdots & \vdots & \ddots & \vdots \\ E[(X_T-\mu_T)(X_1-\mu_1)] & E[(X_T-\mu_T)(X_2-\mu_2)] & \dots & E[(X_T-\mu_T)^2] \end{bmatrix}$$

(2.4.8)

$$= \begin{bmatrix} \sigma_1^2 & \gamma_{12} & \dots & \gamma_{1T} \\ \gamma_{21} & \sigma_2^2 & \dots & \gamma_{2T} \\ \vdots & \vdots & \ddots & \vdots \\ \gamma_{T1} & \gamma_{T2} & \dots & \sigma_T^2 \end{bmatrix} = \boldsymbol{\Sigma} = \mathrm{Var}[\mathbf{X}] \ .$$

Die Kovarianzmatrix $\Sigma$ hat die folgenden Eigenschaften:

1. $\Sigma$ ist symmetrisch, d.h. es gilt $\Sigma = \Sigma'$, denn aus (2.4.5) folgt unmittelbar $\gamma_{ij} = \gamma_{ji}$ und damit die Symmetrie.
2. $\boldsymbol{\Sigma}$ ist positiv semidefinit, d.h. es gilt $\mathbf{a}'\Sigma\mathbf{a} \geq 0$ für jeden Vektor $\mathbf{a}' = (a_1, a_2, \dots, a_T)$ von reellen Zahlen. Das sieht man leicht so: Da $\mathbf{X}$ ein Vektor von Zufallsvariablen ist, ist auch die Linearkombination $\mathbf{a}'\mathbf{X}$ eine Zufallsvariable. Ihre Varianz ist

$$\mathrm{Var}[\mathbf{a}'\mathbf{X}] = E[\mathbf{a}'(\mathbf{X}-\boldsymbol{\mu})(\mathbf{X}-\boldsymbol{\mu})'\mathbf{a}] = \mathbf{a}'E[(\mathbf{X}-\boldsymbol{\mu})(\mathbf{X}-\boldsymbol{\mu})']\mathbf{a}$$
$$= \mathbf{a}'\Sigma\mathbf{a} \geq 0 \ .$$

Will man etwa die gemeinsame Verteilung von $\mathbf{X}' = (X_1, X_2, \dots, X_T)$ nur durch die ersten und zweiten Momente beschreiben, so ergibt sich aus (2.4.7) und (2.4.8), daß dazu T Erwartungswerte sowie $T(T+1)/2$ Varianzen und Kovarianzen bekannt sein müssen. In der praktischen Anwendung der Zeitreihenanalyse sind diese

$(T^2+3T)/2$ Parameter jedoch unbekannt und müssen aus der bzw. den zugehörigen Zeitreihen geschätzt werden. Hinzu kommt oft noch [z.B. in der Ökonomie], daß nur eine einzige Zeitreihe $\mathbf{x}' = (x_1, x_2, \ldots, x_T)$ zum Schätzen zur Verfügung steht. Der Versuch, $(T^2+3T)/2$ Parameter aus nur T Beobachtungen zu schätzen, ist hoffnungslos und man ist gezwungen, für die gemeinsame Verteilung von $\mathbf{X}$ vereinfachende Annahmen so einzuführen, daß die Anzahl der zu schätzenden Parameter drastisch reduziert wird.

Diese Situation führt zum Konzept der Stationarität, die im folgenden Abschnitt 2.5 behandelt wird. Im Abschnitt 2.6 werden dann die Voraussetzungen angegeben, unter denen die unbekannten Parameter aus nur einer Zeitreihe endlicher Länge T geschätzt werden können.

## 2.5 Stationarität

Im allgemeinen sind die statistischen Eigenschaften eines Prozesses zeitabhängig, d.h. die Charakteristika von $X_t$ sind abhängig von der Zeit, die seit dem Starten des Prozesses vergangen ist. Eine vereinfachende Annahme besagt, daß der Prozeß nach einer Einschwingphase einen Gleichgewichtszustand erreicht hat in dem Sinne, daß seine statistischen Eigenschaften unabhängig von der absoluten Zeit geworden sind. Das bedeutet, daß die Prozesse

$$X_t \quad \text{und} \quad X_{t+\varepsilon}$$

für alle ganzzahligen $\varepsilon$ dieselben statistischen Eigenschaften besitzen.

Ein reeller stochastischer Prozeß $X_t$ heißt stationär, wenn sich keine seiner Verteilungsfunktionen beliebiger Ordnung bei Verschiebung aller Zeitkoordinaten um die Größe $\varepsilon$ ändert, d.h. wenn

$$(2.5.1) \qquad F_n(x_1,\ldots,x_n;t_1,\ldots,t_n) = F_n(x_1,\ldots,x_n;t_1+\varepsilon,\ldots,t_n+\varepsilon)$$

für alle n und alle ganzzahligen $\varepsilon$ erfüllt ist.

Geringere Forderungen werden an den schwach stationären Prozeß gestellt: die Aussage (2.5.1) wird auf Verteilungsfunktionen erster und zweiter Ordnung, d.h. $n=1,2$ , beschränkt und außerdem die Existenz der Momentfunktionen erster und zweiter Ordnung gefordert.

Zwischen stationären und schwach stationären Prozessen bestehen die folgenden Zusammenhänge [ Doob (1964), S. 95 ff.]:

1. Ein stationärer Prozeß ist auch schwach stationär, wenn für alle t $E[|X_t|^2] < \infty$ gilt.
2. Ein schwach stationärer, normalverteilter Prozeß $X_t$ ist auch stationär.

Aus der Definition (2.5.1) der Stationarität ergeben sich eine Reihe von wichtigen Folgerungen, die hier nur für Verteilungen bzw. Momente erster und zweiter Ordnung angegeben werden, weil ja nur diese [ cf. Abschnitte 2.3 und 2.4] zur Beschreibung des Prozesses $X_t$ (im Zeitbereich) verwendet werden:

<u>1.</u> Die Verteilungsfunktion erster Ordnung ist zeitunabhängig, d.h. es gilt

$$F_1(x;t) = F_1(x;t+\varepsilon) = F_1(x;0) = F_1(x).$$

Damit wird die Mittelwertfunktion (2.4.2) zu

$$(2.5.2) \qquad \mu_t = \int_{-\infty}^{+\infty} x \; dF_1(x;t) = \int_{-\infty}^{+\infty} x \; dF_1(x) = E[X_t] = \mu = \text{const.}$$

und zusammen mit dieser Beziehung wird die Varianzfunktion (2.4.3) zu

$$\sigma_t^2 = \int_{-\infty}^{+\infty} (x-\mu_t)^2 \, dF_1(x;t) = \int_{-\infty}^{+\infty} (x-\mu)^2 \, dF_1(x) \tag{2.5.3}$$

$$= E[\,(X_t-\mu)^2] = \sigma^2 = \text{const.}$$

2. Die Verteilungsfunktion zweiter Ordnung ist abhängig nur von einer Zeitdifferenz $\tau = t_2 - t_1$, nicht aber von tatsächlich betrachteten Zeitpunkten $t_1, t_2$, d.h. es gilt

$$F_2(x_1,x_2;t_1,t_2) = F_2(x_1,x_2;t_1+\varepsilon,t_2+\varepsilon) = F_2(x_1,x_2;\tau) \ .$$

Danach ist $F_2(x_1,x_2;\tau)$ also die gemeinsame Verteilungsfunktion der Zufallsvariablen $X_t$ und $X_{t+\tau}$. Die Autokovarianzfunktion (2.4.5) wird damit zu

$$\gamma_{t_1,t_2} = \int_{-\infty}^{+\infty}\int_{-\infty}^{+\infty} (x_1-\mu_{t_1})(x_2-\mu_{t_2}) \, dF_2(x_1,x_2;t_1,t_2) =$$

(2.5.4)

$$= \int_{-\infty}^{+\infty}\int_{-\infty}^{+\infty} (x_1-\mu)(x_2-\mu) \, dF_2(x_1,x_2;\tau) = E\,[(X_t-\mu)(X_{t+\tau}-\mu)] = \gamma_\tau$$

und die Autokorrelationsfunktion (2.4.6) wird zu

$$\rho_\tau = \frac{\gamma_\tau}{\sigma^2} = \frac{\gamma_\tau}{\gamma_o} \ . \tag{2.5.5}$$

Im Folgenden wird davon ausgegangen, daß die Integrale (2.5.2), (2.5.3) und (2.5.4) existieren. Beispiele für Autokorrelationsfunktionen verschiedener stochastischer Prozesse sind in den Abbildungen 4.3 und 4.4 im später folgenden Abschnitt 4.3 gegeben.

3. Wegen (2.5.2) und (2.5.4) werden auch der Mittelwertvektor (2.4.7) und die Kovarianzmatrix (2.4.8) ganz entscheidend vereinfacht. Sie werden zu

$$(2.5.6) \qquad E[\mathbf{X}] = \begin{bmatrix} \mu \\ \mu \\ \vdots \\ \mu \end{bmatrix} = \mu\mathbf{1} \quad \text{mit} \quad \mathbf{1} = \begin{bmatrix} 1 \\ 1 \\ \vdots \\ 1 \end{bmatrix} \quad \text{und}$$

$$(2.5.7) \qquad \mathbf{\Sigma} = \begin{bmatrix} \gamma_0 & \gamma_1 & \cdots & \gamma_{T-1} \\ \gamma_1 & \gamma_0 & \cdots & \gamma_{T-2} \\ \vdots & \vdots & \ddots & \vdots \\ \gamma_{T-1} & \gamma_{T-2} & \cdots & \gamma_0 \end{bmatrix} .$$

Die Kovarianzmatrix $\Sigma$ enthält auf jeder Diagonalen von links oben nach rechts unten jeweils dieselben Elemente; eine solche Matrix wird als Toeplitz-Matrix bezeichnet.

Zur Beschreibung der gemeinsamen Verteilung des Zufallsvektors $\mathbf{X}' = (X_1, X_2, \ldots, X_T)$ durch $\mu\mathbf{1}$ nach (2.5.6) und $\Sigma$ nach (2.5.7) muß man jetzt 'nur' noch T+1, anstelle von $(T^2+3T)/2$ [cf. die Seiten 20/21], Parameter schätzen. In praktischen Fällen -darauf wird noch ausführlich eingegangen- wird diese Zahl noch weiter reduziert.

Zusammenfassend läßt sich (vereinfacht ausgedrückt) sagen, daß ein Prozeß $X_t$ schwach stationär ist, wenn er keine systematischen Veränderungen des Mittelwerts [also keinen Trend] enthält, wenn keine systematischen Änderungen der Varianz erfolgen und, wenn strikt periodische Variationen [z.B. eine konstante Saisonfigur] nicht auftreten.

Die Anwendung von Zeitreihenanalyse-Verfahren, die stationäre Prozesse bzw. Zeitreihen voraussetzen, scheint damit weitgehend eingeschränkt zu sein. Tatsächlich ist ihr Anwendungsbereich aber deshalb nicht so begrenzt, weil es Methoden gibt, die nichtstationäre Zeitreihen in stationäre transformieren. So kann man z.B. eine Zeitreihe zunächst trend- und saisonbereinigen und anschließend die in diesem Buch beschriebenen Verfahren auf die Residuen anwenden. Darauf wird hier aber nicht weiter eingegangen.

## 2.6 Ergodizität

Im Folgenden kommt dem Erwartungswert $\mu$ und der Autokovarianzfunktion $\gamma_\tau$ [cf. die Beziehungen (2.5.2) und (2.5.4)] eines Prozesses $X_t$ eine zentrale Bedeutung zu. In der Praxis sind beide unbekannt und müssen deshalb geschätzt werden. Der Regelfall in der Ökonomie ist dabei, daß zum Schätzen nur eine einzige Zeitreihe $x_t$ von endlicher Länge T dafür zur Verfügung steht. Deshalb sollen jetzt die Voraussetzungen angegeben werden, unter denen die unbekannten Momente aus nur einer Zeitreihe endlicher Länge geschätzt werden können.

Ein Prozeß $X_t$ heißt ergodisch in der allgemeinsten Form (mit Wahrscheinlichkeit 1), wenn alle seine Momente aus nur einer Realisation $x_t$ dieses Prozesses bestimmbar sind [cf. Papoulis (1965), S. 327]; oder, wenn zeitliche Mittel und Ensemblemittel, d.h. Erwartungswerte, äquivalent sind.- Da man im allgemeinen nicht an allen, sondern nur einigen, Parametern eines Prozesses interessiert ist, wird Ergodizität nur im Hinblick auf diese Parameter definiert; hier also mittelwert- und kovarianzergodische Prozesse.

Mittelwert - Ergodizität

Ein schwach stationärer Prozeß $X_t$ mit der Mittelwertfunktion $E[X_t] = \mu$ heißt genau dann mittelwertergodisch, wenn für die Folge der zeitlichen Mittel

$$\overline{X}_T = \frac{1}{T} \sum_{t=1}^{T} X_t \qquad T = 1, 2, \ldots$$

die Beziehung

(2.6.1) $$\lim_{T\to\infty} E[(\overline{X}_T - \mu)^2] = 0$$ erfüllt ist.

Eine nur hinreichende Bedingung für die Mittelwert-Ergodizität verlangt die Gültigkeit von

(2.6.2) $$\lim_{\tau\to\infty} \gamma_\tau = 0 \quad .$$

Es ist also verlangt, daß die Autokovarianzfunktion mit wachsendem zeitlichen Abstand gegen null geht. In die Sprache der Ökonomie übersetzt, bedeutet das, daß sich die Veränderung des Einflusses einer ökonomischen Größe nicht bis in alle Ewigkeit auswirkt.

Kovarianz - Ergodizität

Ohne Beschränkung der Allgemeinheit sei jetzt $E[X_t] = 0$. Ein schwach stationärer stochastischer Prozeß $X_t$ mit der Autokovarianzfunktion $E[X_t X_{t+\tau}] = \gamma_\tau$ heißt genau dann kovarianzergodisch, wenn für die Folge der zeitlichen Mittel

$$c_T(\tau) = \frac{1}{T} \sum_{t=1}^{T-\tau} X_t X_{t+\tau} \qquad T = 1, 2, \ldots$$

die Beziehung

(2.6.3) $$\lim_{T\to\infty} E[(c_T(\tau) - \gamma_\tau)^2] = 0$$

für alle $\tau$ erfüllt ist.

## 2.7 Spektralverteilungsfunktion und Spektraldichte

Die Autokorrelationsfunktion und ihr Graph, das Korrelogramm, sind das wichtigste Instrument zur Beschreibung von Prozeßeigenschaften im Zeitbereich. Enthält der Bewegungsablauf eines Prozesses jedoch [nichtdeterministische!] zyklische Schwankungen, so erweist sich die Analyse im Frequenzbereich als vorteilhafter.

Im Folgenden werden wiederum reelle, schwach stationäre und in der Zeit t diskrete stochastische Prozesse $X_t$ betrachtet. Nach dem Theorem von Wiener - Chintschin [cf. Bartlett (1966), S. 176] gibt es zu jedem stationären Prozeß mit der Autokovarianzfunktion $\gamma_\tau$ eine monoton nicht fallende Funktion $F(\omega)$ [$\omega$ hat hier eine andere Bedeutung als in den Abschnitten 2.2 und 2.3] so, daß gilt

(2.7.1) $$\gamma_\tau = \int_{-\pi}^{+\pi} e^{i\omega\tau} \, dF(\omega) \quad .$$

Diese Gleichung wird Spektraldarstellung der Autokovarianzfunktion genannt. Die Funktion $F(\omega)$ der Kreisfrequenz $\omega$ heißt Spektralverteilungsfunktion. $F(\omega)$ ist monoton nicht fallend und von beschränkter Variation. Außerdem gelten $F(-\pi) = 0$ und $F(\pi) = \gamma_o = \sigma^2$ . Damit ist $F(\omega)$ einer direkten Interpretation zugänglich: $F(\omega)$ gibt den Anteil an der Varianz $\sigma^2$ eines Prozesses $X_t$ an, der auf das Intervall $[-\pi;\omega]$ entfällt.- Die hierbei auftretenden negativen Frequenzen, die inhaltlich nicht interpretierbar sind, sollten den Leser nicht stören; es wird sich nämlich noch [im Abschnitt 6.1] herausstellen, daß es ausreichend ist, Frequenzen nur aus dem Intervall $[0;\pi]$ zu betrachten.

Läßt sich $dF(\omega)$ als $f(\omega)d\omega$ schreiben, dann heißt $f(\omega)$ Spektraldichte oder kurz Spektrum. Eine hinreichende Bedingung für die Existenz einer Spektraldichte [Jaglom (1959), S. 35] ist

$$\sum_{\tau=-\infty}^{+\infty} |\gamma_\tau| < +\infty \quad .$$

Die praktisch am häufigsten auftretenden Fälle sind dabei, daß entweder $\gamma_{|\tau|}$ hinreichend schnell gegen null geht oder $\gamma_\tau$ jenseits eines lags $|\tau|$ null ist, damit diese Summe konvergiert.

Für das Weitere wird angenommen, daß die betrachteten Prozesse eine Spektraldichte besitzen. Das ist für vollkommen nichtdeterministische Prozesse auch fast immer der Fall. Damit wird die Spektraldarstellung der Autokovarianzfunktion (2.7.1) zu

(2.7.2) $$\gamma_\tau = \int_{-\pi}^{+\pi} e^{i\omega\tau} f(\omega)d\omega \quad .$$

Die Spektraldichte $f(\omega)$ kann mit Hilfe der Fourier-Inversions-Beziehung [Papoulis (1965), S. 155] als Funktion von $\gamma_\tau$ dargestellt werden:

(2.7.3) $$f(\omega) = \frac{1}{2\pi} \sum_{\tau=-\infty}^{+\infty} \gamma_\tau e^{-i\omega\tau} \qquad -\pi \leq \omega \leq \pi \, .$$

Ein Beispiel für die Autokovarianzfunktion und die Spektraldichte eines Prozesses sind auf dem Umschlag dieses Buches gegeben.

Mathematisch gesehen sind die Autokovarianzfunktion $\gamma_\tau$ und die Spektraldichtefunktion $f(\omega)$ Fourier-Transformierte. Informationen über einen Prozeß, die in der Autokovarianzfunktion enthalten sind, werden bei einer solchen Transformation natürlich nicht umfangreicher. Der Vorteil dieser Betrachtung im Frequenzbereich liegt vielmehr in einer veränderten Darstellung derselben Informationen so, daß die Untersuchung zyklischer Schwankungen entscheidend verbessert wird. Dieser Zusammenhang wird deutlich, wenn man (2.7.2) für $\tau = 0$ betrachtet:

$$\gamma_o = \sigma^2 = \int_{-\pi}^{+\pi} f(\omega)d\omega \quad . \tag{2.7.4}$$

Man erhält so eine Zerlegung der Prozeßvarianz $\sigma^2$ in Teilvarianzen $f(\omega)d\omega$ für Frequenzbänder $d\omega$. Umgekehrt sagt (2.7.4) aus, daß das Integral über die Spektraldichte $f(\omega)$ die Prozeßvarianz $\sigma^2$ liefert. Ein Gipfel (peak) im Spektrum deutet auf einen hohen Beitrag zur Prozeßvarianz an der zugehörigen Frequenz hin.

Für die hier vorausgesetzten reellen, schwach stationären Prozesse lassen sich die grundlegenden Beziehungen (2.7.2) und (2.7.3) durch das Ausnutzen von Symmetrieeigenschaften vereinfachen. Aus (2.5.4) folgt unmittelbar, daß $\gamma_\tau = \gamma_{-\tau}$ ist. Damit folgt aus (2.7.3) aber ebenfalls $f(\omega) = f(-\omega)$ . Außerdem gelten

$$e^{i\omega\tau} = \cos \omega\tau + i \sin \omega\tau \quad \text{und}$$

$$\sin(-\omega\tau) = - \sin \omega\tau \quad .$$

Mit diesen Gleichungen werden (2.7.2) und (2.7.3) zu

$$\gamma_\tau = 2 \int_o^{\pi} \cos\omega\tau \; f(\omega)d\omega \quad \text{und} \tag{2.7.5}$$

$$f(\omega) = \frac{1}{2\pi} \{ \gamma_o + 2 \sum_{\tau=1}^{\infty} \gamma_\tau \cos\omega\tau \} \qquad -\pi \leq \omega \leq \pi. \tag{2.7.6}$$

Neben der Spektraldichte (2.7.6) gibt es für Vergleiche noch die normierte Spektraldichte

$$\text{(2.7.7)} \qquad \frac{f(\omega)}{\sigma^2} = \frac{1}{2\pi} \{ 1 + 2 \sum_{\tau=1}^{\infty} \rho_\tau \cos\omega\tau \} \qquad -\pi \leq \omega \leq \pi \ .$$

Sie ist die Fourier-Transformierte der Autokorrelationsfunktion (2.5.5). Analog zu (2.7.4) ist das Integral über diese normierte Spektraldichte eins, d.h. es gilt

$$\int_{-\pi}^{+\pi} \frac{f(\omega)}{\sigma^2} d\omega = 1 \quad .$$

Beispiele für normierte Spektraldichten verschiedener Prozesse sind in den Abbildungen 4.3 und 4.4 im später folgenden Abschnitt 4.3 gegeben.

# 3. Schätzfunktionen für Momente



In den folgenden Abschnitten sollen ganz kurz die wünschenswerten Eigenschaften von Schätzfunktionen für Momentfunktionen angegeben und die bisher zur Schätzung von Momentfunktionen verwendeten Funktionen anhand der wünschenswerten Eigenschaften beurteilt werden. Dabei wird gezeigt, daß die bisher verwendeten Schätzfunktionen "... have been used in statistical work mainly because they have intuitive appeal, not because they are best in any known sense" [Jenkins & Watts (1969), S. 174]. In den letzten beiden Abschnitten sollen aufgrund dieser Erkenntnisse Wege angedeutet werden, wie man möglicherweise zu verbesserten Schätzfunktionen für Momente kommen könnte.

## 3.1 Statistische Eigenschaften von Schätzfunktionen

Es wird vorausgesetzt, daß die betrachteten stochastischen Prozesse zumindest mittelwert- und kovarianzergodisch sowie schwach stationär sind. Unter diesen Voraussetzungen können die Momentfunktionen eines Prozesses aus nur einer Realisation, d.h. einer Zeitreihe, endlicher Länge T geschätzt werden.

Ganz allgemein formuliert handelt es sich um die Lösung des folgenden Problems: man hat eine Reihe von Beobachtungen $x_1, x_2, \ldots, x_T$ eines Prozesses $X_t$ und sucht eine Funktion dieser Beobachtungen $g_T = g(x_1,\ldots,x_T)$ derart, daß $g_T$ einen Schätzwert für einen unbekannten Parameter(vektor) $\theta$ liefert. Die entsprechende Schätzfunktion sei mit $G_T = G(X_1,\ldots,X_T)$ bezeichnet; sie sollte bestimmte wünschenswerte Eigenschaften [cf. Quenouille (1956), S. 353] besitzen. Die wichtigsten dieser Eigenschaften sind:

Die Schätzfunktion $G_T$ sollte in einem bestimmten Sinne effizient sein. Es hat sich als nützlich erwiesen, den Kehrwert der Varianz von $G_T$, also

(3.1.1) $$\mathrm{eff}[G_T] = (\mathrm{Var}[G_T])^{-1}$$

als Kriterium der Effizienz zu wählen.

Die Schätzfunktion sollte alle Informationen über $\theta$, die in den Beobachtungen enthalten sind, verarbeiten. Existiert eine solche Schätzfunktion, so heißt sie suffizient.

Die Schätzfunktion sollte unverzerrt sein, d.h. der Bias B

(3.1.2) $$B[G_T] = E[G_T - \theta] = E[G_T] - \theta$$

sollte null sein. Ist $\lim_{T\to\infty} B[G_T] = 0$ , so heißt $G_T$ asymptotisch unverzerrt.

Zur Beurteilung der 'Qualität' einer Schätzfunktion, oder beim Vergleich mehrerer Schätzfunktionen, ist neben der Effizienz (3.1.1) das wichtigste Instrument der mittlere quadratische

Fehler (mean square error = mse)

(3.1.3) $$\text{mse}[G_T] = E[(G_T - \theta)^2] = \text{Var}[G_T] + (B[G_T])^2 \quad .$$

## 3.2 Bisher bekannte Schätzfunktionen für Momente

### Mittelwert - Schätzfunktion

Der Erwartungswert $E[X_t] = \mu$ eines Prozesses $X_t$ wird in der statistischen Praxis ausnahmslos durch

(3.2.1) $$\overline{X} = \frac{1}{T} \sum_{t=1}^{T} X_t$$

geschätzt; und zwar unabhängig davon, ob die Zufallsvariablen X autokorreliert sind oder nicht. (3.2.1) wird im Folgenden beim Vergleich mit anderen Mittelwertschätzungen als konventionelle Schätzfunktion bezeichnet.

Für die Mittelwertschätzfunktion $\overline{X}$ ist $B[\overline{X}] = 0$ , d.h. $\overline{X}$ ist unverzerrt. Zur Angabe des mean square error genügt es deshalb, $\text{Var}[\overline{X}]$ zu betrachten. Für diese hat man

$$\begin{aligned} \text{Var}[\overline{X}] &= E[(\overline{X} - \mu)^2] \\ &= E[\{\frac{1}{T}\sum_{r=1}^{T} X_r - \frac{1}{T}\sum_{r=1}^{T} E[X_r]\}\{\frac{1}{T}\sum_{s=1}^{T} X_s - \frac{1}{T}\sum_{s=1}^{T} E[X_s]\}] \\ &= \frac{1}{T^2} \sum_{r=1}^{T} \sum_{s=1}^{T} \{E[X_r X_s] - E[X_r]E[X_s]\} \\ &= \frac{1}{T^2} \sum_{r=1}^{T} \sum_{s=1}^{T} \gamma_{s-r} \quad . \end{aligned}$$

Durch die Transformation $\tau = s-r$ läßt sich diese Doppelsumme darstellen als

$$\operatorname{Var}[\bar{X}] = \frac{1}{T^2} \sum_{\tau=-(T-1)}^{T-1} (T - |\tau|)\gamma_\tau \quad , \text{ bzw.}$$

(3.2.2) $$\operatorname{Var}[\bar{X}] = \frac{1}{T} \sum_{\tau=-(T-1)}^{T-1} \left(1 - \frac{|\tau|}{T}\right)\gamma_\tau \quad .$$

Die Gleichung (3.2.2) gilt für reelle und komplexe Prozesse $X_t$. Bei den hier vorausgesetzten reellen Prozesses ist $\gamma_\tau = \gamma_{-\tau}$ [das folgt aus (2.5.4)]; damit wird (3.2.2) zu

(3.2.3) $$\operatorname{Var}[\bar{X}] = \frac{1}{T}\{ \gamma_o + 2 \sum_{\tau=1}^{T-1} \left(1 - \frac{\tau}{T}\right)\gamma_\tau \} = \sigma^2_{\bar{X}} \quad .$$

$\operatorname{Var}[\bar{X}]$ ist also nicht nur eine Funktion der Reihenlänge T sondern auch eine Funktion der Autokovarianz $\gamma_\tau$ des Prozesses $X_t$. Nur im Falle unkorrelierter Zufallsvariabler $X_i$, für die $\gamma_\tau = 0$ bei $\tau \geq 1$ gilt, ergibt sich die bekannte Beziehung

$$\sigma^2_{\bar{X}} = \frac{\gamma_o}{T} \quad .$$

Aus der Beziehung (3.2.3) folgt, daß bei abnehmender Reihenlänge T oder bei zunehmender positiver Autokorrelation die Effizienz $\operatorname{eff}[\bar{X}]$ abnimmt und der mean square error $\operatorname{mse}[\bar{X}]$ zunimmt. Speziell ökonomische Zeitreihen fallen in diese beiden kritischen Bereiche, da sie meist sehr kurz sind und nach Granger [(1966), S. 150 ff.] überwiegend positiv autokorreliert sind. Granger hat gezeigt, daß eine große Zahl ökonomischer Zeitreihen (aus angelsächsischen Ländern) durch autoregressive Prozesse der Art

$$X_t - \mu = a(X_{t-1} - \mu) + Z_t$$

mit $a > 0.5$ , d.h. durch positiv autokorrelierte Prozesse hinreichend genau approximiert werden kann. Selbst wenn man dieses Ergebnis nicht für alle ökonomischen Prozesse als allgemeingültig ansieht, scheint die überwiegend positive Autokorrelation dieser Prozesse doch plausibel zu sein, da ständige abrupte Richtungsänderungen bei der Entwicklung einer ökonomischen Größe eher Ausnahme als Regelfall sein dürften.- Besonderes Interesse wird deshalb im Weiteren nicht nur kurzen sondern auch überwiegend positiv autokorrelierten Zeitreihen gelten.

Die Bildung des zeitlichen Mittels (3.2.1) hat offensichtlich Konsequenzen in der praktischen Anwendung. Angenommen, man beobachtet einen Ausschnitt [1;T] einer Realisation $x_t$ eines Prozesses $X_t$. Bildet man das zeitliche Mittel $\overline{X}$, so erhält man eine Zahl $\overline{x}$. Nimmt man diese Zahl $\overline{x}$ als Schätzwert für $E[X_t]$, so entsteht die Frage, wie 'zuverlässig' dieser Schätzwert ist. Eine Aussage über die Größe der Wahrscheinlichkeit, daß der Fehler kleiner ist als ein $\varepsilon > 0$, gewinnt man aus der Varianz $\sigma^2_{\overline{X}}$ und der Tschebyscheff'schen Ungleichung

$$P(|\overline{X} - E[X_t]| < \varepsilon) \geq 1 - \frac{\sigma^2_{\overline{X}}}{\varepsilon^2} \quad ,$$

bzw. wenn $X_t$ normalverteilt ist aus

(3.2.4) $$P(|\overline{X} - E[X_t]| \leq z_{1-\alpha/2} \cdot \sigma_{\overline{X}}) = 1 - \alpha \; .$$

Die Auswirkungen, die unterschiedliche Reihenlängen T und zunehmende positive Autokorrelation auf die Größe $\sigma^2_{\overline{X}}$ haben, sollen anhand eines Beispiels verdeutlicht werden. Betrachtet sei der auf Seite 34 erwähnte autoregressive Prozeß 1. Ordnung

(3.2.5) $$X_t = a \cdot X_{t-1} + Z_t \qquad \text{mit} \qquad |a| < 1 \qquad \text{und}$$

$$Z_t \sim N(0,1); \qquad E[X_t] = 0; \qquad \sigma^2_X = \frac{1}{1-a^2} \; ; \qquad \gamma_\tau = \sigma^2_X \cdot a^{|\tau|} .$$

Für $\sigma^2_{\overline{X}}$ dieses Prozesses ergibt sich nach (3.2.3)

$$\sigma_{\overline{X}}^2 = \frac{\sigma_X^2}{T} \{ 1 + 2 \sum_{\tau=1}^{T-1} (1 - \frac{\tau}{T}) a^{\tau} \},$$

und daraus nach einigen Umformungen

$$(3.2.6) \qquad \sigma_{\overline{X}}^2 = \frac{1}{T(1-a)^2} - \frac{2a(1-a^T)}{T^2(1-a)^2(1-a^2)} \quad .$$

In der Abbildung 3.1 sind die Grenzen $z_{1-\alpha/2} \cdot \sigma_{\overline{X}}$ von 95%-Schwankungsintervallen für $\overline{X}$, d.h. $z_{1-\alpha/2} \cdot \sigma_{\overline{X}} = 1.96 \cdot \sigma_{\overline{X}}$ , für verschiedene Reihenlängen T und $a = o.1$ sowie $a = o.8$ dargestellt.

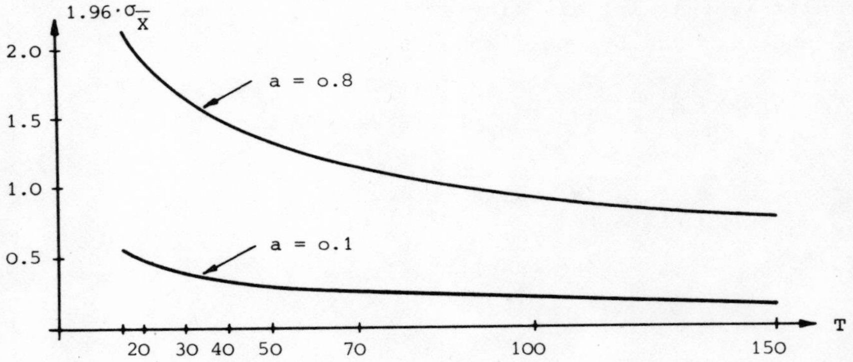


Abb. 3.1: Grenzen der 95%-Schwankungsintervalle für $\overline{X}$ des AR(1)-Prozesses (3.2.5)

Diese Intervallgrenzen lassen sich mit Hilfe von (3.2.6) aus der Beziehung (3.2.4) berechnen. Die Abbildung 3.1 zeigt deutlich, daß bei zunehmender positiver Autokorrelation, d.h. beim Übergang von $a = o.1$ zu $a = o.8$ , oder bei abnehmender Reihenlänge $\sigma_{\overline{X}}^2$ erheblich zunimmt und damit die Effizienz $\text{eff}[\overline{X}]$ der Schätzfunktion $\overline{X}$ sinkt.

Schätzfunktionen für Kovarianz- und Korrelationsfunktionen

Die in der Praxis am häufigsten verwendeten Schätzfunktionen für die Autokovarianz- und die Autokorrelationsfunktion sind

(3.2.7) $$c_\tau^1 = \frac{1}{T} \sum_{t=1}^{T-\tau} (X_t - \overline{X})(X_{t+\tau} - \overline{X}) \qquad 0 \leq \tau \leq T-1$$

(3.2.8) $$r_\tau^1 = \frac{c_\tau^1}{c_o^1}$$

(3.2.9) $$c_\tau^2 = \frac{1}{T-\tau} \sum_{t=1}^{T-\tau} (X_t - \overline{X})(X_{t+\tau} - \overline{X}) \qquad 0 \leq \tau \leq T-1$$

(3.2.10) $$r_\tau^2 = \frac{c_\tau^2}{c_o^2} \quad .$$

Dabei ist $\overline{X}$ immer nach (3.2.1), d.h. nach

$$\overline{X} = \frac{1}{T} \sum_{t=1}^{T} X_t$$

bestimmt. (3.2.7) bis (3.2.10) werden im Folgenden beim Vergleich mit anderen Schätzfunktionen als konventionelle Schätzfunktionen bezeichnet.

Für den Zusammenhang zwischen (3.2.7) und (3.2.9) gilt

(3.2.11) $$c_\tau^1 = \frac{T-\tau}{T} c_\tau^2 \quad .$$

Die beiden Schätzfunktionen (3.2.7) und (3.2.9) haben sich in der statistischen Praxis hauptsächlich deshalb eingebürgert, weil sie als Schätzfunktionen der theoretischen Autokovarianzfunktion $\gamma_\tau$ plausibel erscheinen und nicht, weil sie im statistischen Sinne die besten Schätzfunktionen sind [cf. Jenkins & Watts (1969), S. 174]. Sie sollen deshalb hinsichtlich ihrer statistischen Eigenschaften miteinander verglichen und die in diesem Sinne beste Alternative ausgewählt werden.

Beide Kovarianzschätzfunktionen sind asymptotisch unverzerrt [Anderson (1971), S. 448 ff.]. Für (3.2.7) ergibt sich

$$E[c_\tau^1] = \frac{1}{T}\sum_{t=1}^{T-\tau} E[(X_t-\overline{X})(X_{t+\tau}-\overline{X})]$$

$$= \frac{1}{T}\sum_{t=1}^{T-\tau} E[\{(X_t-\mu)-(\overline{X}-\mu)\}\{(X_{t+\tau}-\mu)-(\overline{X}-\mu)\}]$$

$$(3.2.12) \qquad = \frac{T-\tau}{T}\gamma_\tau - \frac{1}{T^2}\sum_{t=1}^{T-\tau}\sum_{s=1}^{T}(\gamma_{s-t}+\gamma_{s-t-\tau}) + \frac{T-\tau}{T}\operatorname{Var}[\overline{X}] \quad ,$$

wobei $\operatorname{Var}[\overline{X}]$ nach (3.2.2) berechnet wird. Analog zum Vorgehen bei (3.2.2) läßt sich die Doppelsumme über t,s in (3.2.12) noch vereinfachen. Für $\tau = 0$ wird (3.2.12) zu

$$(3.2.13) \qquad E[c_0^1] = \gamma_0 - \operatorname{Var}[\overline{X}] \quad .$$

Nur in dem für praktische Anwendungen irrelevanten Fall, daß $E[X_t] = \mu$ bekannt ist und anstelle von $\overline{X}$ gesetzt wird, gelten die Beziehungen

$$(3.2.14) \qquad \begin{aligned} E[c_\tau^1] &= (1 - \frac{\tau}{T})\gamma_\tau \quad \text{und} \\ E[c_\tau^2] &= \gamma_\tau \quad . \end{aligned}$$

Während $c_\tau^2$ [bei bekanntem $\mu$!] eine unverzerrte Schätzfunktion für $\gamma_\tau$ ist, ist $c_\tau^1$ nur eine asymptotisch unverzerrte Schätzfunktion für $\gamma_\tau$. Dennoch gibt es eine Reihe von Gründen, die dafür sprechen, $c_\tau^1$ zu bevorzugen:

1. $c_\tau^1$ besitzt eine größere Effizienz und einen kleineren mean square error, wie noch gezeigt wird.
2. Korrelationen liegen theoretisch zwischen plus und minus eins. Für eine sinnvolle Schätzfunktion sollte also $|r_\tau| = \left|\frac{c_\tau}{c_o}\right| \le 1$, d.h. $|c_\tau| \le c_o$ gelten. Aus (3.2.9) und (3.2.10) folgt jedoch für $T = 3$ sowie $x_1 = -1$, $x_2 = 0$ und $x_3 = 1$ ein geschätzter Korrelationskoeffizient von $r_2^2 = -1.5$ ! Daraus folgt, daß die Verwendung von $c_\tau^2$ im allgemeinen nicht zu positiv definiten [cf. Seite 20] Kovarianzmatrizen $\Sigma$ führt.

Für relativ lange, hier nicht betrachtete, Zeitreihen [$T \ge 200$] hat Naeve [(1969), S. 43 ff.] in einer Simulationsstudie gezeigt, daß $c_\tau^1$ und $c_\tau^2$ praktisch gleichwertige Schätzergebnisse liefern.

Aus der Gleichung (3.2.11) folgt unmittelbar

(3.2.15) $$\mathrm{Var}[c_\tau^1] = \left(\frac{T-\tau}{T}\right)^2 \mathrm{Var}[c_\tau^2] \quad .$$

Deshalb ist es ausreichend, $\mathrm{Var}[c_\tau^1]$ zu untersuchen. Eine Aussage über die Effizienz von $c_\tau^1$ ergibt sich sofort, denn wegen (3.2.15) ist

$$\mathrm{Var}[c_\tau^1] \le \mathrm{Var}[c_\tau^2]$$

und damit im Sinne der Definition (3.1.1)

(3.2.16) $$\mathrm{eff}[c_\tau^1] \ge \mathrm{eff}[c_\tau^2] \quad .$$

Für den mean square error (3.1.3) der beiden Kovarianzschätzfunktionen gilt für die hier betrachteten stochastischen Prozesse

(3.2.17) $$\text{mse}\,[c_\tau^1] \leq \text{mse}\,[c_\tau^2] \quad .$$

Die Gültigkeit dieser Ungleichung hat Schaerf [(1964), S. 6 ff.] für speziell gewählte stochastische Prozesse gezeigt; ein allgemeiner Beweis für die Klasse aller schwach stationären Prozesse ist ihr jedoch nicht gelungen. Ein Beispiel für diese Aussage wird später mit der Abbildung 3.3 gegeben.

Genauso wie für Var $[\overline{X}]$ läßt sich zeigen [cf. Anderson (1971), S. 463 ff.], daß auch Var $[c_\tau^1]$ eine Funktion der Reihenlänge T und der Autokovarianz ist. Dazu sei zunächst $E[X_t] = 0$ angenommen. Geht man analog zur Berechnung von Var $[\overline{X}]$ vor, so erhält man

$$\text{Var}\,[c_\tau^1] = \frac{1}{T^2} \sum_{\lambda=-(T-\tau-1)}^{T-\tau-1} (T-\tau-|\lambda|)\ \text{Cov}\,[X_t X_{t+\tau}, X_{t+\lambda} X_{t+\tau+\lambda}] \ ;$$

daraus ergibt sich [cf. Bartlett (1946), S. 29 und (1966), S. 159] wegen

$$\text{Cov}\,[X_t X_{t+\tau}, X_{t+\lambda} X_{t+\tau+\lambda}] = E\,[X_t X_{t+\lambda}]\,E\,[X_{t+\tau} X_{t+\tau+\lambda}] +$$

$$+ E\,[X_t X_{t+\tau+\lambda}]\,E\,[X_{t+\tau} X_{t+\lambda}] + \kappa_4(\tau,\lambda,\tau+\lambda)$$

(3.2.18):

$$\text{Var}\,[c_\tau^1] = \frac{1}{T^2} \sum_{\lambda=-(T-\tau-1)}^{T-\tau-1} (T-\tau-|\lambda|)\,[\gamma_\lambda^2 + \gamma_{\lambda+\tau}\gamma_{\lambda-\tau} + \kappa_4(\tau,\lambda,\tau+\lambda)] \ .$$

Die Beziehung (3.2.18) ist exakt. In einer approximativen Form wurde Var $[c_\tau^1]$ zuerst von Bartlett [(1946), S. 28] angegeben. $\kappa_4(\tau,\lambda,\tau+\lambda)$ ist die vierte gemeinsame Semiinvariante des Prozesses $X_t$; sie ist null, wenn $X_t$ normalverteilt ist. Bartlett [(1946), S. 29] und Jenkins & Watts [(1969), S. 207] geben an, daß der Beitrag von $\kappa_4$ zu Var$[c_\tau^1]$ bei beliebigen linearen stochastischen Prozessen vernachlässigbar klein sei [um dennoch dem Beitrag von $\kappa_4$ zur Varianz von Kovarianzschätzungen Rechnung zu tragen, wurden bei den hier durchgeführten Simulationsexperimenten auch nicht-normalverteilte Prozesse untersucht]. Var$[c_\tau^2]$ gewinnt man wegen (3.2.15) aus (3.2.18), indem außerhalb des Summenzeichens $T^2$ durch $(T-\tau)^2$ ersetzt wird.

Eine zu (3.2.18) analoge Beziehung [cf. Anderson (1971), S. 452 und S. 469] läßt sich angeben, wenn $E[X_t]$ unbekannt ist und durch $\overline{X}$ geschätzt werden muß. Diese Beziehung nimmt dann einen beträchtlichen Umfang an, verliert weitgehend an Übersichtlichkeit und liefert auch keine grundsätzlich neuen Erkenntnisse. Das Wesentliche geht schon aus (3.2.18) hervor: bei abnehmender Reihenlänge T oder zunehmender positiver Autokorrelation eines Prozesses $X_t$, also in den für ökonomische Prozesse typischen Bereichen, nimmt Var$[c_\tau^1]$ zu. Die Folge davon ist abnehmende Effizienz und zunehmender mean square error der Schätzfunktion $c_\tau^1$.

Zur Demonstration dieses Effekts soll nochmals der autoregressive Prozeß 1. Ordnung (3.2.5) betrachtet werden. Aus (3.2.18) ergibt sich für diesen Prozeß

$$\text{Var}[c_\tau^1] = \frac{\sigma_X^4}{T^2} \sum_{\lambda=-(T-\tau-1)}^{T-\tau-1} (T-\tau-|\lambda|)\,[a^{|2\lambda|} + a^{|\lambda+\tau|}a^{|\lambda-\tau|}]$$

und nach einigen Umformungen ist

$$\text{Var}[c_\tau^1] = \frac{T-\tau}{T^2}\left[\frac{1+a^{2\tau}}{(1-a^2)^2} + \frac{4a^2}{(1-a^2)^3}\right] - \tag{3.2.19}$$
$$- \frac{1}{T^2}\left[\frac{4a^{2(T-\tau)}}{(1-a^2)^3} + \frac{4a^2(1-a^{2(T-\tau-1)})}{(1-a^2)^4}\right] .$$

In der Abbildung 3.2 auf der nächsten Seite ist am Beispiel von

$\tau = 0$ $Var[c_o^1]$ für verschiedene Reihenlängen T und $a = 0.5$ sowie $a = 0.8$ dargestellt.

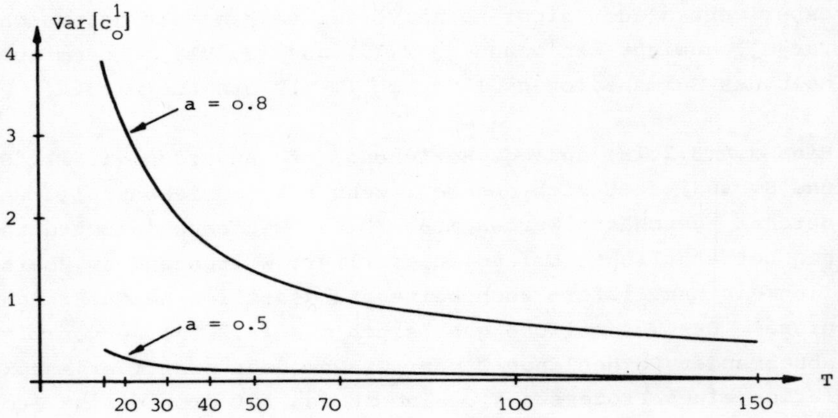


Abb. 3.2: $Var[c_o^1]$ für den AR(1)-Prozeß (3.2.5)

Die Abbildung 3.2 zeigt deutlich, daß bei zunehmender Autokorrelation, d.h. beim Übergang von $a = 0.5$ zu $a = 0.8$, oder abnehmender Reihenlänge $Var[c_o^1]$ zunimmt und damit die Effizienz $eff[c_o^1]$ sinkt. Diese Aussage gilt ebenso für $\tau \geq 1$.

Die Gültigkeit der Aussage (3.2.17), d.h. $mse[c_\tau^1] \leq mse[c_\tau^2]$, läßt sich ebenfalls an diesem AR(1)-Prozeß (3.2.5) sehr eindrucksvoll demonstrieren. Aus (3.1.3), (3.1.2) und (3.2.18) gewinnt man

$$mse[c_\tau^1] = Var[c_\tau^1] + B^2[c_\tau^1] \quad \text{, also}$$

(3.2.20) $$mse[c_\tau^1] = Var[c_\tau^1] + \frac{\tau^2 a^{2\tau}}{T^2(1-a^2)^2} \quad ,$$

wobei $Var[c_\tau^1]$ nach (3.2.19) berechnet wird. Der mean square error von $c_\tau^2$ ist zusammen mit (3.2.14) und (3.2.15)

$$(3.2.21) \qquad mse\,[c_\tau^2] = Var\,[c_\tau^2] = \left(\frac{T}{T-\tau}\right)^2 Var\,[c_\tau^1] \;;$$

dabei wird Var $[c_\tau^1]$ ebenfalls nach (3.2.19) berechnet. In der folgenden Abbildung sind mse $[c_\tau^1]$ und mse $[c_\tau^2]$ für den AR(1)-Prozeß (3.2.5) mit $a = 0.8$ und $T = 30$ dargestellt. Die mean square errors wurden jeweils für $\tau = iT/10$ mit $i = 1,\ldots,10$ berechnet.

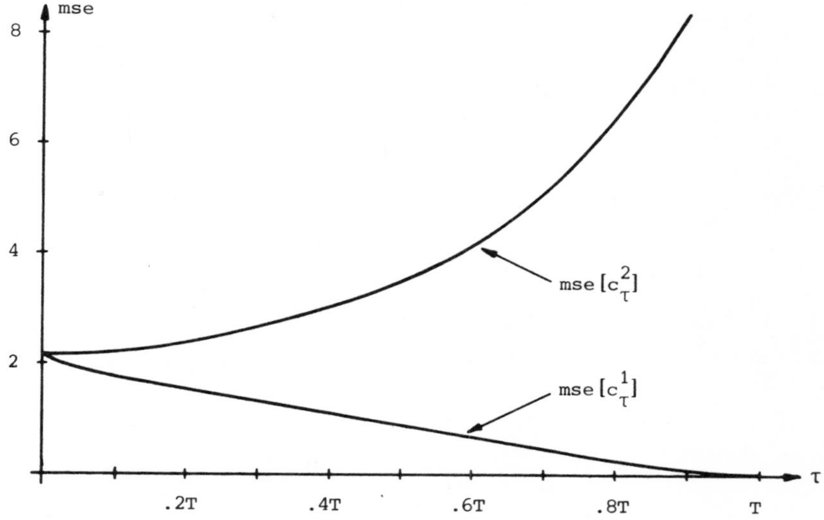


Abb. 3.3: Mean square errors der Kovarianzschätzfunktionen (3.2.7) und (3.2.9) für den AR(1)-Prozeß (3.2.5) mit $a = 0.8$ und $T = 30$

Zum Abschluß dieser Diskussion der Eigenschaften der Schätzfunktionen (3.2.7) bis (3.2.10), also der konventionellen Schätzfunktionen, sei noch erwähnt, daß Kovarianzschätzungen selbst wieder autokorreliert sind [cf. Anderson (1971), S. 450 ff.]. Die Korrelation benachbarter Ordinaten der Autokovarianzfunktion hat zur Folge, daß die Autokovarianzfunktion mit zunehmendem lag $\tau$ unter Umständen nicht so schnell gegen null geht, wie man [z.B. wegen (2.6.2)] erwarten sollte. Jenkins & Watts [(1969), S. 185-186] zeigen diesen Effekt an einem Beispiel und geben deshalb zu Bedenken, "... that it is sometimes dangerous to read too much into the visual appearance of an autocorrelation function, especially from short series."

Zu den in der Literatur bekannten Schätzfunktionen für die Autokovarianzfunktion [cf. Anderson (1971), S. 440] zählt auch

$$c_\tau = \frac{1}{T-\tau} \sum_{t=1}^{T-\tau} (X_t - \overline{X}_\tau)(X_{t+\tau} - \overline{X}_{\tau+}) \qquad 0 \leq \tau \leq T-1 \tag{3.2.22}$$

mit

$$\overline{X}_\tau = \frac{1}{T-\tau} \sum_{t=1}^{T-\tau} X_t \qquad \text{und} \qquad \overline{X}_{\tau+} = \frac{1}{T-\tau} \sum_{t=1}^{T-\tau} X_{t+\tau}$$

sowie die dazu korrespondierende Schätzfunktion für die Autokorrelationsfunktion [cf. Jenkins & Watts (1969), S. 182]

$$r_\tau = \frac{\sum_{t=1}^{T-\tau} (X_t - \overline{X}_\tau)(X_{t+\tau} - \overline{X}_{\tau+})}{\left[\sum_{t=1}^{T-\tau} (X_t - \overline{X}_\tau)^2 \sum_{t=1}^{T-\tau} (X_{t+\tau} - \overline{X}_{\tau+})^2\right]^{1/2}} \tag{3.2.23}$$

Die statistischen Eigenschaften sollen hier für diese beiden Schätzfunktionen aus zwei Gründen nicht diskutiert werden. Einmal findet sich bereits bei Anderson [(1971), S. 448 ff.] eine ausführliche Diskussion von (3.2.22). Zum anderen wird sich in den Kapiteln 4 und 5 herausstellen, daß (3.2.23) im Vergleich zu anderen Schätzfunktionen keine brauchbaren Schätzergebnisse für die hier betrachteten stochastischen Prozesse liefert. Dieses Ergebnis wird gestützt von Jenkins & Watts [(1969), S. 182], die den Standpunkt vertreten, daß (3.2.23) "... is not a satisfactory estimate when a set of estimates $r(1), r(2), \ldots, r(m)$ is required for the first m autocorrelations $\rho(1), \ldots, \rho(m)$." Der Hauptnachteil dieser Schätzfunktion ist die Verwendung verschiedener Mittel für die Mittelwertkorrektur in (3.2.22) und (3.2.23) und, daß sich diese Mittel mit dem lag $\tau$ verändern. Außerdem ändert sich der Normierungsfaktor in (3.2.23) mit dem lag $\tau$. Als Ergebnis dieser Modifikationen sind diese Schätzfunktionen im allgemeinen nicht positiv definit [Jenkins & Watts (1969), S. 182].

Die letzte der (bisher bekannten) Schätzfunktionen, die in diesem Abschnitt 3.2 angegeben werden soll, ist

(3.2.24) $$c'_\tau = 2\, c_\tau - \frac{1}{2}({}_1c_\tau + {}_2c_\tau) .$$

Dabei ist $c_\tau$ eine Schätzfunktion für die Autokovarianzfunktion einer Zeitreihe der geraden Länge T und ${}_1c_\tau$ bzw. ${}_2c_\tau$ sind Kovarianzschätzfunktionen wie $c_\tau$, jedoch nur über die erste bzw. zweite Hälfte dieser Zeitreihe. Quenouille [(1949), S. 70 und (1956), S. 358 ff.] hat gezeigt, daß mit (3.2.24) eine Reduzierung des Bias erreicht werden kann. Ausgehend von (3.2.24) hat Kendall [(1973), S. 93] die folgende Korrelationsschätzfunktion angegeben

(3.2.25) $$r_\tau = \frac{c'_\tau}{c'_o}$$

und gezeigt, daß sich mit ihr ebenfalls eine Biasreduktion ergibt.

Zusammenfassend bleibt festzuhalten, daß $c^1_\tau$ der Schätzfunktion $c^2_\tau$ deutlich überlegen ist. Aber auch, daß sowohl $c^1_\tau$ als auch $\overline{X}$ in den kritischen Bereichen [Schätzen aus kurzen Zeitreihen oder hohe positive Autokorrelation der zu untersuchenden Prozesse] unbefriedigende Schätzergebnisse liefern werden.

Im folgenden Abschnitt 3.3 soll deshalb versucht werden, besonders für diese kritischen Bereiche verbesserte Schätzfunktionen zu konstruieren. Besondere Aufmerksamkeit wird dabei den Korrelations- und Kovarianzschätzfunktionen gelten, weil diese für den Anwender von Zeitreihenanalysen von größerer Bedeutung sind als Mittelwertschätzungen.

## 3.3 Zur Konstruktion von Schätzfunktionen nach heuristischen Kriterien

Die aus den Beziehungen (3.2.3) und (3.2.18) gewonnenen Einsichten legen es nahe, die Mittelwertbereinigungen in den Kovarianzschätzfunktionen so vorzunehmen, daß Informationen über die Autokorrelation eines Prozesses beim Schätzen berücksichtigt werden können.

Die Basis zur Konstruktion solcher Schätzfunktionen bildet ein Verfahren, das als Differenzenfiltern bzw. prewhitening [cf. Blackman & Tukey (1959), S. 28 und S. 39 ff.] bezeichnet wird: anstelle eines Prozesses $X_t$ betrachtet man den Prozeß

$$X_t - k_1 X_{t-1} - \dots - k_p X_{t-p} \quad . \tag{3.3.1}$$

Sind alle $k_i$ Konstante, so hat man einen linearen, zeitinvarianten Filter. Prewhitening besteht nun darin, den Prozeß $X_t$ durch geeignete Wahl der Filterkoeffizienten $k_i$ so zu transformieren, daß der nach (3.3.1) entstehende neue Prozeß möglichst genau einen unkorrelierten Zufallsprozeß ('white noise') approximiert, aus dem man dann die Momentfunktionen schätzt und durch Rücktransformation ('recolouring') die Momentfunktionen des ursprünglichen Prozesses $X_t$ bestimmt.

Als Beispiel zur Verdeutlichung der Vorgehensweise diene der schon mehrfach betrachtete AR(1)-Prozeß (3.2.5), d.h.

$$X_t = a\, X_{t-1} + Z_t \quad ,$$

wobei $Z_t$ white noise darstellt. Filtert man diesen Prozeß nach (3.3.1) mit $k_1 = a$ und $k_i = 0$ für $i \geq 2$, so ergibt sich

$$X_t - a\, X_{t-1} = Z_t \quad .$$

Diese Transformation liefert also $Z_t$ und damit white noise.

Exaktes Prewhitening wie in diesem Beispiel setzt jedoch die Kenntnis des Prozeßtyps [hier also AR(1)] und der Prozeßparameter [hier also a] voraus. Da diese in der Praxis unbekannt sind, wird man sich mit Approximationen begnügen müssen, wenn man die unbekannten Größen nicht schätzen will.

Für die hier noch anzugebenden Schätzfunktionen wird deshalb anstelle eines Prozesses $X_t$ mit dem Erwartungswert $\mu$ und der Autokovarianz- bzw. Autokorrelationsfunktion $\gamma_\tau$ bzw. $\rho_\tau$ der Prozeß

(3.3.2) $$X_t - K\, X_{t-1}$$

betrachtet. In dem Parameter K soll die Autokorrelation des Prozesses $X_t$ zum Ausdruck kommen. Es wird nicht angenommen, daß der Prozeßtyp und die Prozeßparameter von $X_t$ bekannt sind. Deshalb muß K aus der zugehörigen Zeitreihe $x_t$ geschätzt werden.

Für die Festlegung des Parameters K in (3.3.2) sind mehrere verschiedene Möglichkeiten erwogen worden. Eine erste heuristische Überlegung bestand darin, die Autokorrelation des Prozesses im Mittel zu erfassen. Das führte zu der Wahl von

$$(3.3.3) \qquad K_3 = \left| \frac{1}{T} \sum_{\tau=0}^{T-1} \rho_\tau \right| .$$

Dabei wird $K_3$ geschätzt durch

$$(3.3.4) \qquad k_3 = \left| \frac{1}{m} \sum_{\tau=0}^{m-1} r_\tau \right| \qquad m \leq T-1 .$$

In der Schätzfunktion (3.3.4) für $K_3$ kann $r_\tau$ prinzipiell jede der im Abschnitt 3.2 angegebenen Schätzfunktionen für die Autokorrelationsfunktion sein.

Ein zweiter Weg zur Bestimmung von K ergab sich aus der folgenden Idee: wähle K in (3.3.2) so, daß $E[(X_t - K X_{t-1} - \mu)^2]$ minimal wird. Man muß also

$$\begin{aligned} E[(X_t-KX_{t-1}-\mu)^2] &= Var[X_t-KX_{t-1}] + (E[X_t-KX_{t-1}]-\mu)^2 \\ &= E[(X_t-KX_{t-1})^2] - E^2[X_t-KX_{t-1}] + K^2\mu^2 \\ &= (1 + K^2)\gamma_o - 2 K \gamma_1 + K^2 \mu^2 \end{aligned}$$

bezüglich K minimieren. Die notwendige Bedingung für ein Minimum liefert

$$\frac{dE[(X_t-KX_{t-1}-\mu)^2]}{dK} = 2 K \gamma_o - 2 \gamma_1 + 2 K \mu^2 \overset{!}{=} 0 \quad , \text{ d.h.}$$

$$(3.3.5) \qquad K_4 = \frac{\gamma_1}{\gamma_o + \mu^2} .$$

Nochmaliges Differenzieren nach K liefert die hinreichende Bedingung für ein Extremum. Da $2(\gamma_o + \mu^2) > 0$ ist, liegt also ein Minimum vor. Die Größe $K_4$ wird geschätzt durch

$$k_4 = \frac{c_1}{c_o + \overline{X}^2} \quad . \tag{3.3.6}$$

In der Schätzfunktion (3.3.6) für $K_4$ kann $c_\tau$ jede der im Abschnitt 3.2 angegebenen Kovarianzschätzfunktionen sein. $\overline{X}$ ist die konventionelle Mittelwertschätzung (3.2.1).

Der Vergleich von (3.3.6) mit (3.3.4) zeigt, daß (3.3.6) weniger Rechenaufwand zum Schätzen von K erfordert. Experimentiert wurde nicht nur mit (3.3.3) und (3.3.5) sondern auch mit anderen Größen K, die sich aber beim Schätzen nicht so gut bewährten wie diese beiden Festlegungen.

Mit den so bestimmten Parametern K sowie mit $X_t$ bzw. dem Prozeß (3.3.2) als Ausgangspunkt werden Autokovarianz- und Autokorrelationsfunktionen in einem dreistufigen Verfahren geschätzt:

1. In der ersten Stufe wird die durch (3.3.3) oder (3.3.5) festgelegte Größe $K_3$ oder $K_4$ geschätzt.

2. In der zweiten Stufe dieses Schätzverfahrens schätzt man jetzt anstelle von $\overline{X}$

$$\overline{X}_i = \frac{1}{T-1} \sum_{t=2}^{T} (X_t - K_i X_{t-1}) \quad , \tag{3.3.7}$$

wobei $K_i$ für i=3 nach (3.3.3) und für i=4 nach (3.3.5) festgelegt ist.

3. Mit den so gewonnenen Mittelwertbereinigungen $\overline{X}_i$ werden dann in der dritten Schätzstufe Autokovarianzen aus

$$c_\tau^i = \frac{1}{T} \sum_{t=1}^{T-\tau} (X_t - \overline{X}_i)(X_{t+\tau} - \overline{X}_i) \qquad 0 \leq \tau \leq T-1, \; i = 3,4 \tag{3.3.8}$$

und Autokorrelationen aus

$$(3.3.9) \qquad r_\tau^i = \frac{c_\tau^i}{c_o^i} \qquad i = 3,4$$

geschätzt [die Indices $i = 1,2$ in $c_\tau^i$ und $r_\tau^i$ sind schon für die konventionellen Schätzfunktionen (3.2.7) bis (3.2.10) auf Seite 37 belegt].

Aufgrund der unterschiedlichen Wahlmöglichkeiten auf jeder der drei Stufen dieses Schätzverfahrens lassen sich eine Fülle von Schätzfunktionen angeben, die hinsichtlich ihrer statistischen Eigenschaften aus zwei Gründen nur schwer miteinander verglichen werden können. Einmal handelt es um insgesamt mehr als 30 Schätzfunktionen [sie sind zusammen mit den konventionellen Schätzfunktionen in der Abbildung 4.1 zusammengestellt]; der Vergleich würde also einen beträchtlichen Umfang annehmen. Zweitens stößt die analytische Angabe statistischer Eigenschaften deshalb auf Schwierigkeiten, weil die sich ergebenden Formeln [wie z.B. Var$[c_\tau^1]$ auf Seite 40 oder die folgende Beziehung (3.3.15)] so umfangreich werden, daß eine übersichtliche Darstellung und Interpretation nahezu unmöglich wird. Aus diesem Grunde sollen hier nur einige der statistischen Eigenschaften diskutiert und im übrigen die hier betrachteten Schätzfunktionen mit Hilfe von Simulationsexperimenten und deren Auswertung in den Kapiteln 4 und 5 miteinander verglichen werden.

Die statistischen Eigenschaften der Schätzfunktionen (3.3.7) und (3.3.8) sollen hier nur insoweit angegeben werden, wie eine übersichtliche Darstellung und Interpretation wegen der oben beschriebenen Schwierigkeiten noch möglich ist.- Für (3.3.7) gilt

$$(3.3.10) \qquad \overline{X}_i = \frac{1}{T-1} \sum_{t=2}^{T} (X_t - K_i X_{t-1}) \simeq (1-K_i)\overline{X} \quad .$$

Ihr Erwartungswert ist

(3.3.11) $$E[\overline{X}_i] = (1 - K_i)\,\mu\,.$$

Aus (3.3.3) folgt $\lim_{T\to\infty} K_3 = 0$ . $\overline{X}_3$ ist also asymptotisch unverzerrt, während $\overline{X}_4$ bei $\gamma_1 \neq 0$ immer eine verzerrte Schätzfunktion ist. Beide Aussagen gelten natürlich nur für $\mu \neq 0$ .

In einer ersten Näherung kann man aus der Beziehung (3.3.10) $\mathrm{Var}[\overline{X}_i] \approx (1-K_i)^2\,\mathrm{Var}[\overline{X}]$ folgern und damit $\mathrm{Var}[\overline{X}_3] \leq \mathrm{Var}[\overline{X}]$ , da $0 \leq K_3 \leq 1$ gilt. Für positiv autokorrelierte Prozesse folgt aus (3.3.5) $0 < K_4 \leq \rho_1 < 1$ und damit $\mathrm{Var}[\overline{X}_4] \leq \mathrm{Var}[\overline{X}]$. Die exakte Angabe von $\mathrm{Var}[\overline{X}_i]$ ist etwas aufwendiger:

$$\mathrm{Var}[\overline{X}_i] = E[\overline{X}_i^2] - (1-K_i)^2\mu^2$$

$$= \frac{1}{(T-1)^2}\, E\Big[\sum_{r=2}^{T}(X_r - K_i X_{r-1}) \sum_{s=2}^{T}(X_s - K_i X_{s-1})\Big] - (1-K_i)^2\mu^2$$

$$= \frac{1}{(T-1)^2} \sum_{r=2}^{T}\sum_{s=2}^{T} [(1+K_i^2)\gamma_{s-r} - K_i(\gamma_{s-r-1} + \gamma_{s-r+1})]$$

Daraus gewinnt man durch die Transformation $\tau = s-r$

(3.3.12):
$$\mathrm{Var}[\overline{X}_i] = \frac{1}{(T-1)^2} \sum_{\tau=-(T-2)}^{T-2} (T-1-|\tau|)\,[(1+K_i^2)\gamma_\tau - K_i(\gamma_{\tau-1} + \gamma_{\tau+1})]$$

Der Vergleich dieser Beziehung mit (3.2.2) zeigt deutlich, daß $\mathrm{Var}[\overline{X}_i] \approx (1-K_i)^2\,\mathrm{Var}[\overline{X}]$ nur eine grobe Näherung darstellt.

Zum Abschluß der Diskussion der Schätzfunktion $\overline{X}_i$ sei nochmals der schon mehrfach als Beispiel verwendete AR(1)-Prozeß (3.2.5) betrachtet, weil sich an diesem Beispiel die Richtigkeit der Überlegungen, die zur Wahl von $K_4$ mit (3.3.5) führten, eindrucksvoll demonstrieren läßt. Für diesen Prozeß mit $E[X_t] = 0$ ist

$K_4 = \rho_1 = a$ , und aus (3.3.11) folgt $E[\overline{X}_4] = 0$ . Damit ist

(3.3.13) $$\text{mse}[\overline{X}_4] = \text{Var}[\overline{X}_4] =$$

$$= \frac{1}{(T-1)^2(1-a^2)} \sum_{\tau=-(T-2)}^{T-2} (T-1-|\tau|)\,[(1+a^2)a^{|\tau|} - a(a^{|\tau-1|} + a^{|\tau+1|})]$$

$= 0$ , weil der Ausdruck in [...] null ist. Im Vergleich dazu war $\text{mse}[\overline{X}] = \text{Var}[\overline{X}] > \text{mse}[\overline{X}_4]$ mit (3.2.6) gegeben.

Für die Autokovarianz-Schätzfunktion (3.3.8) soll hier nur ihr Erwartungswert angegeben und an einem Beispiel interpretiert werden. Zunächst ist

(3.3.14) $$E[c_\tau^i] = \frac{1}{T}\sum_{t=1}^{T-\tau} E[\{(X_t-\mu)-(\overline{X}_i-\mu)\}\{(X_{t+\tau}-\mu)-(\overline{X}_i-\mu)\}] =$$

$$= \frac{1}{T}\sum_{t=1}^{T-\tau} E[(X_t-\mu)(X_{t+\tau}-\mu)] - \frac{1}{T(T-1)}\sum_{t=1}^{T-\tau}\sum_{s=2}^{T} E[(X_t-\mu)(X_s-K_iX_{s-1}-\mu)] -$$

$$- \frac{1}{T(T-1)}\sum_{t=1}^{T-\tau}\sum_{s=2}^{T} E[(X_{t+\tau}-\mu)(X_s-K_iX_{s-1}-\mu)] + \frac{T-\tau}{T} E[(\overline{X}_i-\mu)^2] \quad .$$

Nun ist $E[(X_t-\mu)(X_s-K_iX_{s-1}-\mu)] = \gamma_{s-t} - K_i\gamma_{s-t-1}$ und analog zur Berechnung von (3.3.12) ist für $E[(\overline{X}_i-\mu)^2] = \text{Var}[\overline{X}_i] + K_i^2\mu^2$ . Damit wird (3.3.14) zu

(3.3.15) $$E[c_\tau^i] = \frac{T-\tau}{T}\gamma_\tau -$$

$$- \frac{1}{T(T-1)}\sum_{t=1}^{T-\tau}\sum_{s=2}^{T}\{(\gamma_{s-t}+\gamma_{s-t-\tau}) - K_i(\gamma_{s-t-1}+\gamma_{s-t-\tau-1})\} +$$

$$+ \frac{T-\tau}{T}\{\text{Var}[\overline{X}_i] + K_i^2\,\mu^2\} \quad ,$$

wobei $\mathrm{Var}[\overline{X}_i]$ nach (3.3.12) berechnet wird.

Die Aussage der Gleichung (3.3.15) sei nochmals am Beispiel des AR(1)-Prozesses (3.2.5) [cf. Seite 35] für $\tau = 0$ diskutiert. Wegen $E[X_t] = 0$ ist $K_4 = a$ und mit (3.3.13) war schon $\mathrm{Var}[\overline{X}_4] = 0$ gezeigt. Damit wird (3.3.15) zu

$$E[c_o^4] = \frac{1}{1-a^2} - \tag{3.3.16}$$

$$- \frac{1}{T(T-1)(1-a^2)} \sum_{t=1}^{T-\tau} \sum_{s=2}^{T} [a^{|s-t|} + a^{|s-t-\tau|} - a(a^{|s-t-1|} + a^{|s-t-\tau-1|})]$$

$$= \frac{1}{1-a^2} = \gamma_o \quad ,$$

weil der Ausdruck in [...] null ist. Im Vergleich zu (3.3.16) war $E[c_o^1] = \gamma_o - \mathrm{Var}[\overline{X}]$ in (3.2.13) angegeben.

## 3.4 Zur Konstruktion von Schätzfunktionen nach Maximum Likelihood - Kriterien

Im Abschnitt 3.2 ergab sich, daß die konventionellen Schätzfunktionen für die Momentfunktionen eines stochastischen Prozesses $X_t$ im statistischen Sinne nicht ideal sind. Deshalb wurde im Abschnitt 3.3 versucht, verbesserte Schätzfunktionen anzugeben. Es darf jedoch nicht erwartet werden, daß diese Schätzfunktionen alle im Abschnitt 3.1 angegebenen wünschenswerten Eigenschaften besitzen.

Das ideale Vorgehen zur Konstruktion einer Schätzfunktion beruht sicherlich auf der Likelihoodfunktion der beobachteten

Zeitreihe $x_t$ [dazu muß natürlich der Verteilungstyp des erzeugenden Prozesses $X_t$ vorausgesetzt werden]. Das Nullsetzen der ersten partiellen Ableitungen dieser Likelihoodfunktion liefert ein System von Gleichungen, dessen Lösung die Maximum Likelihood - Schätzungen der Momentfunktionen darstellt. Nimmt man insbesondere an, daß der erzeugende Prozeß $X_t$ multivariat normalverteilt ist, lassen sich die Likelihoodfunktion und die Likelihoodgleichungen ohne Schwierigkeit angeben.

Dieses an sich einfache Vorgehen stößt trotz der guten theoretischen Fundierung bei der praktischen Anwendung aus zwei Gründen auf erhebliche Schwierigkeiten. Einmal sind die sich ergebenden Likelihoodgleichungen meist so kompliziert, daß eine explizite Lösung nicht angegeben werden kann. Hier helfen nur approximative (und in der Mehrzahl auch iterative) Lösungsverfahren, die dann wiederum die Ursache für Schätzfehler sein können. Zum anderen steigen die Rechenzeiten bei der Ermittlung von Schätzwerten rapide an. Eine 1000-fach höhere Rechenzeit im Vergleich zu konventionellen Schätzverfahren ist da schnell erreicht [cf. die Abbildungen 7.4 und 7.5 im Abschnitt 7.4].

Wegen der enorm hohen (und teuren) Rechenzeiten werden die Maximum Likelihood - Schätzungen in die umfangreichen Simulationsexperimente und deren Auswertung in den folgenden Kapiteln 4 und 5 nicht mit einbezogen. Sie werden hier ausgegliedert und ausführlich im 7. Kapitel behandelt. Dort wird sich zeigen, daß sich mit Maximum Likelihood - Schätzungen ein teilweise beträchtlicher Gewinn an Schätzgenauigkeit erzielen läßt.

# 4. Experimental design für den Vergleich der Schätzfunktionen



Im vorangegangenen 3. Kapitel zeigte sich, daß die statistischen Eigenschaften von Schätzfunktionen nicht ausführlich oder nicht übersichtlich genug angegeben werden können, um die Auswahl der besten Alternative zu ermöglichen. Es soll deshalb in diesem und dem 5. Kapitel versucht werden, bei Vorliegen einer Zeitreihe $x_t$ das Problem der Entscheidung für eine der Schätzfunktionen aufgrund der Ergebnisse von Simulationsexperimenten zu lösen.

Konkret geht es dabei zunächst um die Lösung des folgenden Problems: die Momentfunktionen 1. und 2. Ordnung eines schwach stationären stochastischen Prozesses $X_t$ sollen aus einer Zeitreihe $x_t$ geschätzt werden. Zum Schätzen steht eine Menge von Schätzfunktionen [die im Abschnitt 4.1 zusammengestellt sind] zur Verfügung. Aus dieser Menge soll aufgrund des Wertes einer Vergleichsgröße [die im Abschnitt 4.2 angegeben wird] diejenige Schätzfunktion ausgewählt werden, die das beste Schätzergebnis liefern wird.

Die im Abschnitt 4.2 behandelten Vergleichsgrößen können als

Maß für den 'Abstand' der geschätzten von der theoretischen Momentfunktion des Prozesses $X_t$ interpretiert werden. Dieser Abstand läßt sich natürlich nur dann berechnen, wenn außer den Schätzwerten auch die theoretischen Momentfunktionen von $X_t$ bekannt sind. Aus diesem Grunde wird hier nur aus solchen Zeitreihen $x_t$ geschätzt, die das Ergebnis der Simulation von stochastischen Prozessen $X_t$ [die im Abschnitt 4.3 beschrieben wird] sind. Für einen bekannten Prozeß $X_t$ sind die Momentfunktionen natürlich eindeutig festgelegt und immer berechenbar.

Nachdem geklärt ist, welche der Schätzfunktionen aus dem Abschnitt 4.1 verwendet werden sollten, um die Momentfunktionen 1. und 2. Ordnung eines ganz speziellen Prozesses $X_t$ zu schätzen, soll das oben beschriebene Problem dahingehend erweitert werden, daß jetzt nicht mehr nur Aussagen über einen 'ganz speziellen' Prozeß gemacht werden, sondern es soll [im Abschnitt 4.3] untersucht werden, inwieweit sich die bis dahin gewonnenen Ergebnisse auf die Klasse aller (linearen) schwach stationären Prozesse $X_t$ verallgemeinern lassen. Dazu ist zu klären, welche Merkmale [e.g. Mittelwert, Wahrscheinlichkeitsverteilung etc.] einen Prozeß festlegen bzw. einen Einfluß auf den Wert der Vergleichsgröße haben und, in welchen Bereichen die Merkmalswerte variiert werden müssen, damit die im Simulationsexperiment verwendeten Prozesse als Repräsentanten der Klasse aller linearen schwach stationären stochastischen Prozesse angesehen werden können. Es wird sich herausstellen, daß dazu insgesamt sechs Merkmale erfaßt werden müssen.

Die Untersuchung dieser Verallgemeinerungsfähigkeit ist deshalb besonders wichtig, weil in nahezu allen Arbeiten, in denen Ergebnisse über die Simulation stochastischer Prozesse mitgeteilt werden, mit einigen wenigen Prozessen gearbeitet und dann stillschweigend unterstellt wird, die erzielten Ergebnisse könne man ohne weiteres verallgemeinern. Auch wenn der Autor diese Verallgemeinerung nicht explizit behauptet, so besteht schon allein durch die Nichtbehandlung dieser Frage die Gefahr, daß der Leser diesen Schluß der Verallgemeinerung zieht; so etwa bei Granger &

Hughes [(1968)], Naeve [(1969)] , König & Wolters [(1971)] und Birkenfeld [(1973)] um nur einige Beispiele zu nennen.

Berücksichtigt man noch, daß die hier vorgeschlagenen neuen Schätzverfahren auch praktisch anwendbar sein sollen, so erfordern dieses Ziel und die Lösung des oben beschriebenen Problems ein design des Experiments, das die (möglichst erschöpfende) Beantwortung der folgenden 4 Fragen ermöglicht:

1. Frage: Lassen sich aus der großen Anzahl der [im Abschnitt 4.1 zusammengestellten] Schätzfunktionen einige wenige (einschließlich der konventionellen) Schätzfunktionen auswählen, die die Momentfunktionen aller betrachteten Prozesse besonders gut schätzen?

2. Frage: Wenn ja, läßt sich dann anhand aller betrachteten Kombinationen je eines Merkmalswerts aller 6 Merkmale (= Merkmals- oder Meßwertvektor) beurteilen, ob ein statistisch gesicherter Unterschied zwischen den Ergebnissen dieser ausgewählten Schätzfunktionen besteht?

3. Frage: Wenn ein solcher Unterschied besteht, lassen sich dann aufgrund der 6-dimensionalen Merkmalswertvektoren die n ausgewählten Schätzfunktionen derart in n Regionen trennen, daß in jeder der n Regionen jeweils eine Schätzfunktion die besten Schätzergebnisse liefert?

4. Frage: Wenn diese Regionen bekannt sind, dann läßt sich nämlich jede neue Zeitreihe einer der n Regionen zuweisen (= Diskrimination) und damit die geeignete Schätzfunktion angeben. Voraussetzung dazu ist aber, daß man an dieser neuen Reihe alle 6 Merkmale messen kann, und das ist zum Teil nur mit erheblichem Schätzaufwand möglich. Deshalb ist zu prüfen, ob der Einfluß jedes Merkmals signifikant ist und, ob sich nicht eine Trennung anhand einer geringeren Anzahl von Merkmalen (= Merkmalsreduktion) gewinnen läßt.

Liegt das design fest, wird das Experiment zunächst probeweise in reduziertem Umfang durchgeführt. Dabei ist zu prüfen, ob das Experiment die zur Beantwortung der gestellten Fragen notwendigen Daten in möglichst ökonomischer Weise liefert. Eventuell ist eine Revision des designs erforderlich. Anschließend folgt die endgültige Durchführung des Experiments [Abschnitt 4.4]

Die statistische Analyse des Experiments, die Schlußfolgerungen aus den Ergebnissen und die Möglichkeiten zur Verallgemeinerung sind dann die nächsten Schritte, die im 5. Kapitel behandelt werden. Als letzter Schritt wird die Anwendung der gewonnenen Erkenntnisse im 6. Kapitel demonstriert.- Zunächst jedoch soll das design des Experiments, wie oben skizziert, schrittweise beschrieben werden.

## 4.1 Zusammenstellung der Schätzfunktionen

Die konventionellen Schätzfunktionen des Abschnitts 3.2 und alle Schätzfunktionen des Abschnitts 3.3, die sich aufgrund der Wahlmöglichkeiten auf jeder Stufe des dreistufigen Schätzverfahrens [cf. Seite 49] ergeben, sollen hier zusammengestellt werden. Zur Erleichterung der Übersicht werden alle Mittelwertschätzfunktionen mit AM, alle Kovarianzschätzfunktionen mit C und alle Korrelationsschätzfunktionen mit R bezeichnet und dann fortlaufend durchnumeriert [cf. Abbildung 4.1]; der lag $\tau$ bei den Kovarianz- und Korrelationsschätzfunktionen wird weggelassen, wenn dadurch keine Mißverständnisse entstehen können.

Als Grundlage für Mittelwerte bzw. Mittelwertbereinigungen AM stehen drei Funktionen zur Verfügung. Und zwar nach (3.2.1)

(4.1.1) $$AM1 = \frac{1}{T} \sum_{t=1}^{T} X_t \quad ,$$

weiter wird aus (3.3.7) in Verbindung mit (3.3.4)

(4.1.2) $$AM\bullet = \frac{1}{T-1} \sum_{t=2}^{T} (X_t - k_3 X_{t-1}) \quad \text{mit}$$

$$k_3 = \left| \frac{1}{m} \sum_{\tau=0}^{m-1} R\bullet_\tau \right| \qquad 0 \leq \tau \leq m < T-1 \quad ,$$

und aus (3.3.7) zusammen mit (3.3.6) ergibt sich

(4.1.3) $$AM\bullet = \frac{1}{T-1} \sum_{t=2}^{T} (X_t - k_4 X_{t-1}) \qquad \text{mit}$$

$$k_4 = \frac{C\bullet_1}{C\bullet_o + (AM1)^2}$$

wobei also AM1 nach (4.1.1) berechnet wird.

Als Grundlage für die Konstruktion von Kovarianzschätzfunktionen stehen ebenfalls drei Funktionen zur Auswahl. Nämlich nach (3.2.7)

(4.1.4) $$C\bullet = \frac{1}{T} \sum_{t=1}^{T-\tau} (X_t - AM\bullet)(X_{t+\tau} - AM\bullet)$$

$$0 \leq \tau \leq m < T-1 \quad ,$$

aus (3.2.9) wird

(4.1.5) $$C\bullet = \frac{1}{T-\tau} \sum_{t=1}^{T-\tau} (X_t - AM\bullet)(X_{t+\tau} - AM\bullet)$$

$$0 \leq \tau \leq m < T-1$$

und die von Quenouille angegebene Schätzfunktion (3.2.24), d.h.

(4.1.6) $$C\bullet = 2c_\tau - \frac{1}{2}({}_1c_\tau + {}_2c_\tau) \qquad 0 \leq \tau \leq \frac{T}{2} - 1 \quad ,$$

wobei $c_\tau$ nur nach (4.1.4) mit AM• = AM1 nach (4.1.1) berechnet wird.

Schließlich stehen für die Konstruktion von Korrelationsschätzfunktionen zwei Funktionen zur Verfügung; und zwar

(4.1.7) $$R\bullet = \frac{C\bullet_\tau}{C\bullet_o} \qquad 0 \leq \tau \leq m < T-1$$

sowie nach (3.2.23)

(4.1.8) $$R16 = \frac{\sum_{t=1}^{T-\tau}(X_t-\overline{X}_\tau)(X_{t+\tau}-\overline{X}_{\tau+})}{\left[\sum_{t=1}^{T-\tau}(X_t-\overline{X}_\tau)^2 \sum_{t=1}^{T-\tau}(X_{t+\tau}-\overline{X}_{\tau+})^2\right]^{1/2}} \qquad 0 \leq \tau \leq m < T-1$$

mit $$\overline{X}_\tau = \frac{1}{T-\tau}\sum_{t=1}^{T-\tau} X_t \quad \text{und} \quad \overline{X}_{\tau+} = \frac{1}{T-\tau}\sum_{t=1}^{T-\tau} X_{t+\tau} \quad .$$

Mit diesen Beziehungen (4.1.1) bis (4.1.8) lassen sich die in der Abbildung 4.1 dargestellten Schätzfunktionen kombinieren.

Die Interpretation dieser Darstellung sei am Beispiel der Schätzfunktion R6 für die Autokorrelationsfunktion erläutert: zuerst wird mit (4.1.1) der Mittelwert AM1 (=$\overline{X}$) konventionell geschätzt und mit diesem als Mittelwertbereinigung mit (4.1.4) die konventionelle Kovarianzfunktion C1 (=$c_\tau^1$). Damit kann das auf Seite 49 beschriebene dreistufige Schätzverfahren begonnen werden. In der ersten Stufe wird mit Hilfe von C1 und AM1 die Größe $k_4$ nach (4.1.3) bestimmt und in der zweiten Stufe nach

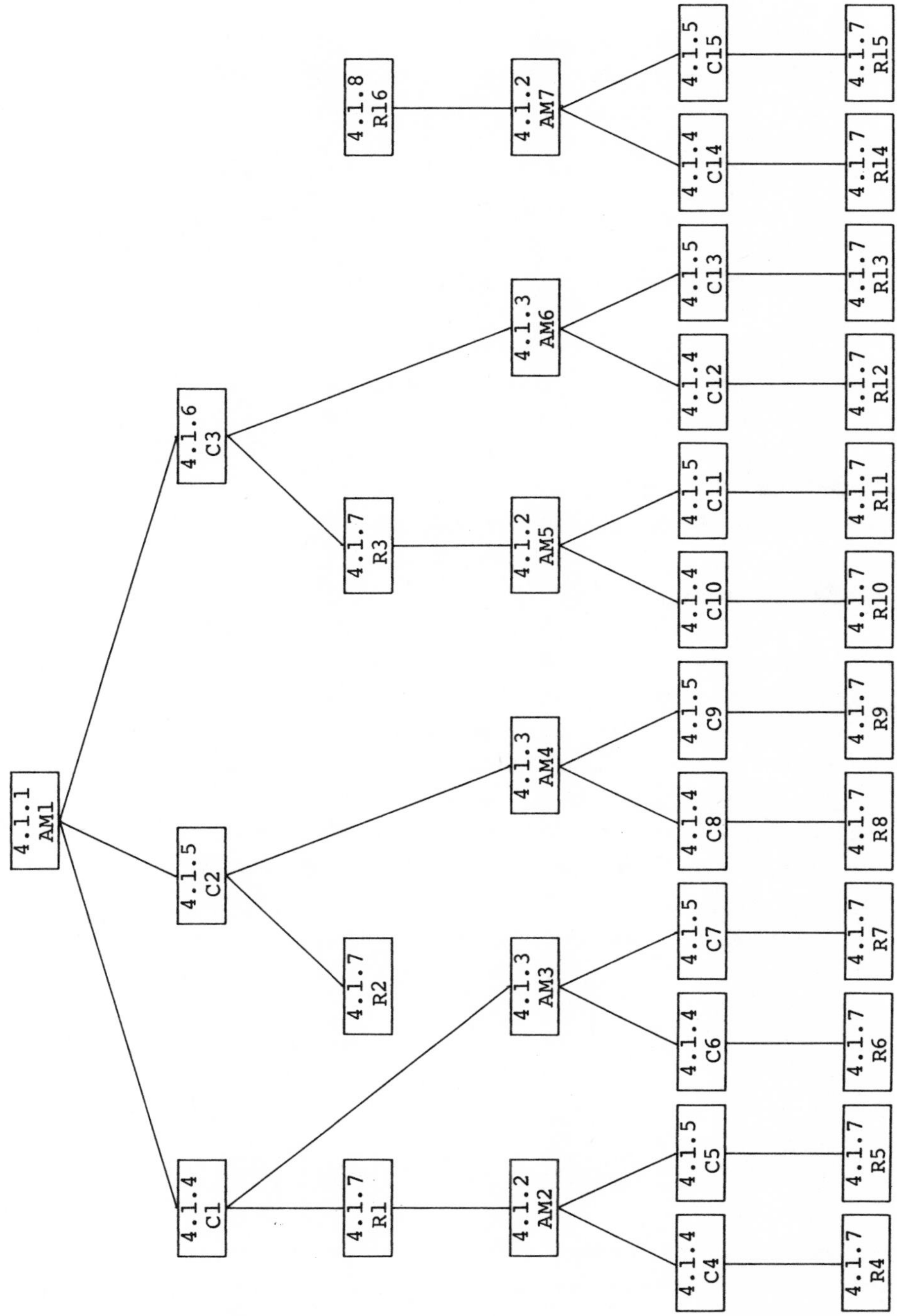


Abb. 4.1: Zusammenstellung der Schätzfunktionen für den experimentellen Vergleich

(4.1.3) die Mittelwertbereinigung AM3. In der dritten Stufe wird dann mit AM3 und (4.1.4) die Autokovarianzfunktion C6 und mit (4.1.7) schließlich die Autokorrelationsfunktion R6 als Schätzfunktion angewendet.

Aus der Abbildung 4.1 ergibt sich, daß in den experimentellen Vergleich 7 Mittelwert-, 15 Autokovarianz- und 16 Autokorrelationsschätzfunktionen einbezogen werden.

Die in dieser Abbildung zusammengefaßten Schätzfunktionen sollen im Experiment miteinander verglichen werden, und außerdem sollen aufgrund der Ergebnisse des Experiments Aussagen gemacht werden über ihre Fähigkeit, die Momentfunktionen möglichst allgemeiner (schwach stationärer stochastischer) Prozesse zu schätzen.
Die Ziele 'Vergleichbarkeit' und 'Verallgemeinerungsfähigkeit' sind versuchstechnische Gegensätze. Verallgemeinerungsfähigkeit erfordert, daß die Schätzfunktionen unter möglichst unterschiedlichen Versuchsbedingungen miteinander verglichen werden [Cox (1964), S. 10]; hier also, daß die Momentfunktionen möglichst unterschiedlicher Prozesse geschätzt werden. Die Frage, wie diese Verallgemeinerung erreicht werden kann, wird im Abschnitt 4.3 behandelt. Vergleichbarkeit dagegen erfordert die Wiederholung des Experiments unter möglichst gleichartigen Versuchsbedingungen; hier also die wiederholte Schätzung möglichst gleichartiger Prozesse. Dieser Problemkreis wird im folgenden Abschnitt behandelt.

## 4.2 Kriterien für die Vergleichbarkeit der Schätzfunktionen

Wendet man jedes Schätzverfahren aus der Abbildung 4.1 auf eine Zeitreihe (= experimentelle Einheit) an, so erhält man Ergebnisse, die durch je einen Wert einer Vergleichsgröße charakterisiert und so einem Vergleich zugängig gemacht werden sollen. Dabei werden natürlich immer nur Mittelwert-, Kovarianz- und Korrelationsschätzfunktionen untereinander verglichen. Vor der Behandlung dieser Vergleichsgrößen werden ganz kurz die Bedingungen angegeben, unter denen ein solcher Vergleich überhaupt möglich und sinnvoll ist.

Die Anwendung verschiedener Verfahren auf experimentelle Einheiten ist vergleichbar, wenn diese experimentellen Einheiten frei sind von systematischen Fehlern. Deshalb ist beim design des Experiments sicherzustellen, daß zwischen je zwei experimentellen Einheiten, die mit zwei verschiedenen Verfahren behandelt werden, keine systematischen Unterschiede bestehen [Cox (1964), S. 5]. Wenn dafür Sorge getragen ist, daß systematische Fehler nicht auftreten, dann ist die Abweichung des Schätzwerts der Vergleichsgröße von ihrem wahren Wert nur durch Zufallsfehler bedingt [Cox (1964), S. 7]. Diese Zufallsfehler können durch die Standardabweichung der Vergleichsgröße gemessen werden. Sie, die Standardabweichung, nimmt mit zunehmender Wiederholung des Experiments ab; d.h. die Präzision des Experiments und damit auch die des Vergleichs nimmt zu.

Als Konsequenz daraus ist bei dem hier durchgeführten Experiment folgendermaßen vorgegangen worden: ein konkreter Prozeß ist unter Konstanthalten aller Merkmale, die ihn als schwach stationären stochastischen Prozeß bestimmten Typs festlegen, mehrfach in der Länge T simuliert worden, daß die so entstandenen Zeitreihen stochastisch voneinander unabhängig sind. Diese Zeitreihen sind wegen der Konstanz aller Merkmale frei von systematischen Fehlern. Aus jeder Zeitreihe werden dann mit Hilfe aller in der Abbildung 4.1 angegebenen Schätzfunktionen die Momentfunktionen dieses Prozesses und die Vergleichsgrößen berechnet.

Die für die Präzision notwendige Anzahl der Wiederholungen des

Experiments, und damit die Anzahl der zu erzeugenden Zeitreihen, wurde experimentell bestimmt: die Anzahl N der erzeugten Zeitreihen ist in Abhängigkeit von der Reihenlänge T so gewählt, daß $N \cdot T \approx 2400$ gilt. Die Größe $N \cdot T$ ist das Ergebnis von Vergleichsuntersuchungen. Ein größeres $N \cdot T$ ergab bei steigender Rechenzeit nur noch unbedeutende Abweichungen der numerischen Werte für die sich im Mittel, d.h. nach (4.2.2), ergebenden Momentfunktionen und die Vergleichsgrößen.

Nun zu den Vergleichsgrößen, deren Werte aus den Ergebnissen des Experiments zu berechnen sind. Eine solche Vergleichsgröße soll ein Maß für die Güte der Anpassung einer (mit einem bestimmten Verfahren) geschätzten an die theoretische Momentfunktion des Prozesses liefern.

Aus der Sicht des Statistikers bietet es sich an, hierfür den mean square error (mse) zu wählen. Das Schätzen des mean square error sei zunächst nur für Kovarianzen und Korrelationen dargestellt. Für Mittelwerte wird ganz ähnlich vorgegangen.

Mit der Bezeichnungsweise des Abschnitts 3.1 [cf. Seite 32 ff.] sei (der Index T ist im Folgenden weggelassen) $g_{i\tau}$ die Schätzung der theoretischen Momentfunktion $\theta_\tau$, $0 \leq \tau \leq m$, aus der i-ten Wiederholung des Experiments. Bei Kovarianzen ist also $\theta_\tau = \gamma_\tau$ und $g_{i\tau}$ die i-te Schätzung, die mit genau einer der Schätzfunktionen C1 bis C15 von Seite 61 durchgeführt wurde. Dann läßt sich wegen (3.1.3) der mean square error aus

$$\mathrm{mse}[g_\tau] = \frac{1}{N} \sum_{i=1}^{N} (g_{i\tau} - \theta_\tau)^2 \qquad 0 \leq \tau \leq m$$

$$(4.2.1) \qquad = \frac{1}{N} \sum_{i=1}^{N} (g_{i\tau} - g_\tau)^2 + (g_\tau - \theta_\tau)^2$$

$$= s^2_{g_\tau} + (g_\tau - \theta_\tau)^2$$

schätzen, wobei $g_\tau$ nach

(4.2.2) $$g_\tau = \frac{1}{N} \sum_{i=1}^{N} g_{i\tau} \qquad 0 \leq \tau \leq m$$

bestimmt wird und N, wie vorher, die Anzahl der Wiederholungen des Experiments bezeichnet. Da die Anpassung der geschätzten Funktion $g_{i\tau}$ an die theoretische Momentfunktion $\theta_\tau$, um Vergleiche möglich zu machen, durch eine einzige Maßzahl ausgedrückt werden soll, wird (4.2.1) noch über alle m+1 Kovarianzen oder Korrelationen gemittelt, d.h. man bildet

(4.2.3) $$\text{mse}\,[g] = \frac{1}{m+1} \sum_{\tau=0}^{m} \text{mse}\,[g_\tau] \quad .$$

Für Mittelwertschätzungen geht man analog vor. Lediglich die Mittelbildung (4.2.3) unterbleibt, weil hier $\theta_\tau = \theta = \mu$ und $g_{i\tau} = g_i$ reelle Zahlen sind.

Dem mean square error - Kriterium zur Charakterisierung der Anpassung einer geschätzten an eine theoretische Funktion haften zwei Nachteile an. Einmal wird der Unterschied zwischen positiver und negativer Abweichung, d.h. zwischen Über- und Unterschätzung, nicht berücksichtigt. Zum anderen werden Abweichungen $|g_\tau - \theta_\tau| < 1$ vermindert berücksichtigt. Dafür gibt es bei der Beurteilung der Anpassung überhaupt keinen Grund. Zusätzliche Nachteile entstehen durch die Mittelbildung (4.2.3).

Die entstehenden Schwierigkeiten seien am Beispiel von drei hypothetischen Funktionen $g_\tau^1$, $g_\tau^2$, $g_\tau^3$ demonstriert. Der Einfachheit halber sei $\theta_\tau = 0$ für alle $\tau$ und $N = 1$ angenommen. Damit wird (4.2.3) zu

$$\text{mse}\,[g^k] = \frac{1}{m+1} \sum_{\tau=0}^{m} (g_\tau^k)^2 \qquad k = 1,2,3 \quad .$$

Die drei Funktionen sind für m = 10 in der Abbildung 4.2 dargestellt.

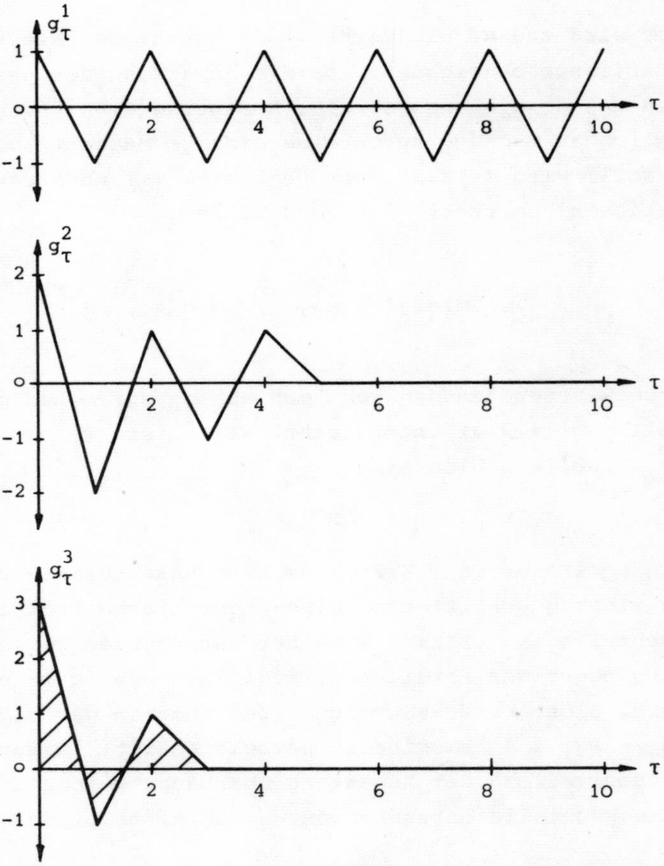


Abb. 4.2: Hypothetische Schätzungen einer Momentfunktion

Man rechnet leicht nach, daß das mean square error - Kriterium für jede der drei hypothetischen Schätzungen $g_\tau^k$ denselben Wert, nämlich $mse[g^k] = 1$ liefert. Die durchaus unterschiedliche

Anpassung der Funktionen $g_\tau^k$ an $\theta_\tau = 0$ wird von diesem Kriterium also überhaupt nicht erfaßt.

Für die hier durchzuführenden Vergleiche wurde deshalb eine neue Vergleichsgröße konstruiert, welche die oben beschriebenen Nachteile nicht (oder zumindest nicht in dieser Stärke) aufweist. Eine Modifikation von (4.2.3) liefert

$$\text{(4.2.4)} \qquad ar[g] = \frac{1}{m+1} \sum_{\tau=0}^{m} s_{g_\tau}^2 + \frac{1}{m} fl[g_\tau;\theta_\tau] \quad ;$$

dabei ist $fl[g_\tau;\theta_\tau]$ die von den Funktionen $g_\tau$ und $\theta_\tau$ eingeschlossene Fläche, wie in der untersten Zeichnung der Abbildung 4.2 durch Schraffur angegeben ist. Dieses Kriterium wird deshalb im Folgenden als Flächenkriterium bezeichnet.

Wendet man das Flächenkriterium auf das oben gegebene Beispiel an, so ergeben sich

$$ar[g^1] = 0.5 \qquad ar[g^2] = 0.333 \qquad ar[g^3] = 0.225 \quad .$$

Da die Anpassung einer geschätzten Funktion an die theoretische Funktion als besser beurteilt wird, wenn der Wert der Vergleichsgröße kleiner ist, stellt in diesem Beispiel $g_\tau^3$ die beste Schätzung der Funktion $\theta_\tau = 0$ dar.

In den hier durchgeführten Experimenten wurden jeweils die Werte beider Vergleichsgrößen berechnet. Dabei zeigte sich, daß das Flächenkriterium ar im Durchschnitt plausiblere Ergebnisse lieferte als das mean square error - Kriterium mse. Im Folgenden wird deshalb das Flächenkriterium als Maß für die Güte der Anpassung einer geschätzten an eine theoretische Funktion verwendet. Wenn also im Weiteren von dem Wert einer Vergleichsgröße die Rede ist, so ist sie (wenn nichts anderes angegeben) immer nach dem Flächenkriterium ar berechnet worden.

Zusammenfassend bleibt festzuhalten: Das Experiment wurde derart geplant, daß die Voraussetzungen erfüllt sind, unter denen die Anwendung verschiedener Verfahren auf experimentelle Einheiten vergleichbar ist. Die Verwendung von Vergleichsgrößen ist deshalb problematisch, weil der 'Abstand' zweier Funktionen voneinander durch eine einzige Maßzahl auszudrücken ist. Schließlich ist bei der Auswertung des Vergleichs noch zu berücksichtigen, daß Verfahren miteinander verglichen werden, die nicht unabhängig voneinander sind. Der Grund hierfür liegt in der Konstruktion des dreistufigen Schätzverfahrens, das im Abschnitt 3.3 [cf. Seite 49] beschrieben ist.

## 4.3 Zur Verallgemeinerungsfähigkeit der Ergebnisse

Das Ergebnis der Überlegungen im vorangegangenen Abschnitt war ein design des Experiments, das es gestattet, aus einer Menge von Schätzfunktionen diejenige auszuwählen, welche die Momentfunktionen eines konkreten stochastischen Prozesses am besten schätzt: ausgewählt wird nämlich die Funktion, die den kleinsten Wert der Vergleichsgröße liefert.

Hier nun soll das Experiment so erweitert werden, daß die Auswahl der geeignetsten Schätzfunktion nicht nur für einen konkreten sondern für möglichst allgemeine stochastische Prozesse ermöglicht wird; mit einer Einschränkung allerdings: es werden nur, wie bisher auch, schwach stationäre stochastische Prozesse betrachtet.

Die angestrebte Verallgemeinerung wird erreicht, indem die Momentfunktionen möglichst unterschiedlicher Prozesse geschätzt werden. Zur Klärung der Frage, welche Merkmale 'möglichst unterschiedliche' Prozesse festlegen, sei hier zunächst die Simulation von stochastischen Prozessen behandelt.

## Simulation von stochastischen Prozessen

Die Zeitreihen, aus denen die Momentfunktionen zu schätzen sind, werden durch Simulation des allgemeinen linearen Prozesses

$$(4.3.1) \quad X_t = a_1 X_{t-1} + \ldots + a_p X_{t-p} + \delta + U_t + b_1 U_{t-1} + \ldots + b_q U_{t-q}$$

erzeugt. Für $E[X_t] = \mu$ muß

$$\delta = \mu (1 - \sum_{i=1}^{p} a_i)$$

gewählt werden. Außerdem ist

$$U_t = v \varepsilon_t \qquad \text{mit} \qquad v = \sigma_u \ .$$

Die $\varepsilon_t$ sind unabhängige, identisch verteilte Zufallsgrößen, die nicht notwendig normalverteilt sein müssen. Sie werden mit

$$E[\varepsilon_t] = 0 \qquad \text{und} \qquad E[\varepsilon_t \varepsilon_s] = \begin{cases} 1 & \text{für } t=s \\ 0 & \text{sonst} \end{cases}$$

mit Hilfe von Zufallszahlengeneratoren aus der Programmbibliothek des Instituts für Angewandte Statistik der Freien Universität Berlin erzeugt; über ihre Qualität liegen genaue Untersuchungen vor [Jöhnk (1969)].

Die reellen Zahlen $b_j$ in (4.3.1) werden als moving average-Komponenten bezeichnet. Sind alle $b_j = 0$, heißt (4.3.1) autoregressiver Prozeß p-ter Ordnung; in abgekürzter Schreibweise AR(p). Sind umgekehrt alle autoregressiven Parameter $a_i = 0$, so hat man einen moving average-Prozeß q-ter Ordnung, der als

MA(q) bezeichnet wird. Enthält (4.3.1) sowohl autoregressive als auch moving average-Komponenten, so schreibt man dafür ARMA(p,q), wenn $a_p \neq 0$ und $b_q \neq 0$ sind.

Die Komponenten $a_i$ sind für schwach stationäre Prozesse nicht vollkommen frei wählbar. Sie dürfen nur innerhalb gewisser Bereiche so variiert werden, daß die Wurzeln der charakteristischen Gleichung des autoregressiven Teils von (4.3.1) innerhalb des Einheitskreises liegen [Jenkins & Watts (1969), S. 169]. Ausführliche Angaben über diese Parameterbereiche finden sich bei Box & Jenkins [(1970), S. 49-80].

Da von jedem Prozeß, wie im Abschnitt 4.2 erläutert, N unabhängige Realisationen benötigt werden, wurde wie folgt vorgegangen: Die zum Starten der Simulation notwendigen Anfangswerte wurden gleich $\mu$ gesetzt [Fishman (1972)], der Prozeß zunächst in der Länge $N\cdot(P+T)$ simuliert (wobei P aus dem Intervall [51;100] zufällig gewählt ist) und dann aus dieser Realisation immer abwechselnd P Werte, die nicht verwendet werden, und dann wieder T Werte, die eine Zeitreihe der Länge T darstellen, usw. abgeschnitten. Dadurch wird erreicht, daß die ersten Werte einer Zeitreihe mit den letzten Werten der vorhergehenden Reihe nicht korreliert sind, bzw. die ersten Werte der ersten Reihe nicht mit den Anfangswerten korreliert sind.

Festlegung des Merkmals - Raums

Die Merkmale, die einen Einfluß auf die Schätzung von Momentfunktionen stochastischer Prozesse und damit auch auf den Wert beider Vergleichsgrößen haben könnten, ergeben sich aus den Schätzfuntkionen und ihren statistischen Eigenschaften, soweit sie im 3. Kapitel behandelt wurden, aus der Betrachtung der Vergleichsgrößen im Abschnitt 4.2 sowie aus der Simulation stochastischer Prozesse nach (4.3.1). Es handelt sich um :

Erstens die Reihenlänge T. Zweitens die im Abschnitt 3.2 [cf. S. 33 ff.] ausführlich diskutierten Auswirkungen der Autokorrelation eines stochastischen Prozesses. Die Erkenntnisse aus den Beziehungen (3.2.3), (3.2.12) und (3.2.18) waren der Anlaß dazu, diesen Faktor quantitativ zu erfassen und durch die Korrelationssumme KS über 25 lags, also

$$KS = \sum_{\tau=0}^{25} \rho_\tau \ , \qquad (4.3.2)$$

zu messen. Jenseits von 25 lags war $\rho_\tau$ für die hier betrachteten Prozesse immer hinreichend nahe bei null [cf. die folgenden Abbildungen 4.3 und 4.4]. Die Definition (4.3.2) bietet außerdem den Vorteil, daß die Prozeßparameter $a_i$ und $b_j$ aus (4.3.1) nicht mehr im einzelnen als Merkmale erfaßt werden müssen, weil $\rho_\tau$ eine Funktion dieser Prozeßparameter ist [ein Beispiel war bereits mit dem AR(1)-Prozeß (3.2.5) auf S. 35 gegeben]. Drittens ist die Anzahl m der lags zu berücksichtigen, für die Kovarianz- und Korrelationsfunktionen geschätzt werden. Das ergibt sich aus den Beziehungen (4.1.4) bis (4.1.8) sowie (4.2.3) und (4.2.4). Die letzten drei Merkmale ergeben sich aus der Simulation des Prozesses (4.3.1). Das vierte Merkmal ist die Standardabweichung v der Störterme $U_t$. Fünftens hat man den Erwartungswert $\mu$ des Prozesses $X_t$. Das sechste Merkmal ist die Verteilung der Zufallsgröße $\varepsilon_t$, wie schon auf Seite 41 oben erläutert wurde. Diese sechs Merkmale, ihre Bezeichnung und ihr Meßniveau sind in der folgenden Tabelle 4.1 zusammengefaßt.

| | Merkmal | | Meßniveau |
|---|---|---|---|
| 1 | Reihenlänge | T | quantitativ, diskret |
| 2 | Korrelationssumme | KS | quantitativ, kontinuierlich |
| 3 | Lag | m | quantitativ, diskret |
| 4 | Standardabweichung | v | quantitativ, kontinuierlich |
| 5 | Erwartungswert | $\mu$ | quantitativ, kontinuierlich |
| 6 | Verteilung | d | qualitativ |

Tab. 4.1: Merkmale des Experiments

Es ist zu vermuten, daß der Einfluß dieser Merkmale auf die Schätzung von Momentfunktionen und damit auch auf den Wert beider Vergleichsgrößen nicht unabhängig voneinander ausgeübt wird sondern, daß zwischen den Merkmalen Interaktionen bestehen. Eine dieser Interaktionen läßt sich auch sofort angeben: aus der Beziehung (3.2.18) [cf. S. 40] folgt, daß der Effekt (auf den Wert der Vergleichsgrößen) der Merkmale d und auch KS verschieden ist für verschiedene Merkmalswerte von T, d.h. eine Interaktion [Davies (1963), S. 250] besteht. Das design, das in dieser Situation zum Schätzen der Effekte verwendet werden sollte, wird als faktorielles Experiment [Davies (1963), S. 247 ff. oder Cox (1964), S. 91 ff.] bezeichnet.

Aus dem Meßniveau der hier betrachteten Merkmale ergibt sich eine überabzählbare Anzahl von Merkmalswert-Vektoren. Man muß sich deshalb damit begnügen, jedes Merkmal nur für bestimmte Stufen zu betrachten. Die Beschränkung auf Stufen und die Auswahl dieser Stufen führen zu einem Zielkonflikt: die Verallgemeinerungsfähigkeit der Aussagen verlangt möglichst viele und möglichst breit gestreute Stufen; andererseits führt die Erhöhung der Stufenzahl, bei fester Anzahl von Merkmalen, sehr schnell zu umfangreichen und schwierig handhabbaren Experimenten. Die Auswahl der Stufen ist nicht frei von subjektiven Einflüssen des Experimentators. Sie sollte sich aber orientieren am Untersuchungsziel und dessen Erreichbarkeit, d.h. das Experiment soll die zur Beantwortung der 4 Fragen von Seite 57 notwendigen Daten in möglichst ökonomischer Weise liefern.

Aufgrund dieser Überlegungen und der Ergebnisse von Voruntersuchungen, die zu mehreren, hier nicht wiedergegebenen, Modifikationen des Experiments führten, werden die 6 in der Tabelle 4.1 dargestellten Faktoren auf den folgenden Stufen betrachtet.

Reihenlänge T: 15, 20, 30, 40, 50, 70, 100 und 150 Werte, also acht Stufen. Es sollen ja in erster Linie kurze Zeitreihen, also etwa $T \leq 50$ untersucht werden. Die Längen 100 und 150 sind mehr als Vergleichslängen zu verstehen.

Korrelationssumme KS: für eine große Anzahl von AR-, MA-, und ARMA-Prozessen [cf. S. 69-70] wurde zunächst festgestellt, in welchem Bereich KS variiert. Danach wurden 10 unterschiedliche Prozesse [cf. die Beziehungen (4.3.3) bis (4.3.12)] ausgewählt. Die zugehörigen KS-Werte sind o.5, o.75, o.89, 1.58, 2, 2.5, 3, 3.5, 4 und 5. Der Faktor KS wird also auf 10 Stufen untersucht. Angemerkt sei noch, daß die Zuordnung eines bestimmten Prozesses zu einem festen KS-Wert natürlich nicht eindeutig ist.

Lag m: für diesen Faktor besteht ein enger Zusammenhang mit T. Korrelations- und Kovarianzfunktionen werden hier für $m \simeq T/3$, höchstens jedoch für $m = 25$ geschätzt. Darüber hinaus werden die Vergleichsgrößen in Dreierschritten und für m berechnet, weil nicht auszuschließen ist, daß Korrelations- und Kovarianzschätzungen bei kleinen Laglängen den Wert der Vergleichsgrößen anders beeinflussen als bei großen Laglängen. Die Kombinationen der Stufen dieser beiden Merkmale T und m, die sich so ergeben, sind in der folgenden Tabelle 4.2 zusammengestellt.

| Reihenlänge T | Lag m |
|---|---|
| 15 | 3 4 |
| 20 | 3 6 |
| 30 | 3 6 9 |
| 40 | 3 6 9 12 |
| 50 | 3 6 9 12 15 16 |
| 70 | 3 6 9 12 15 18 21 22 |
| 100 | 3 6 9 12 15 18 21 24 25 |
| 150 | 3 6 9 12 15 18 21 24 25 |

Tab. 4.2: Kombination aller Merkmalswerte T und m

Aus der Tabelle 4.2 ergibt sich, daß insgesamt 43 Kombinationen der Merkmalswerte für T und m für Korrelations- und Kovarianzschätzungen möglich sind.

Standardabweichung v: die Standardabweichung v der Störterme $U_t$ [cf. die Beziehung (4.3.1) auf S. 69] wird auf den Stufen o.5 und 1 betrachtet.

Erwartungswert $\mu$: $E[X_t] = \mu$ [cf. Beziehung (4.3.1) auf S. 69] wird von -5 bis +5 in Schritten von o.5, also auf 21 Stufen betrachtet.

Verteilung d: die Verteilung der Zufallsgrößen $\varepsilon_t$ aus (4.3.1) wurde einmal als $N(0,1)$ genommen. Außerdem soll der Beitrag der vierten gemeinsamen Semiinvarianten $\kappa_4$ [cf. S. 41 oben] zur Varianz von Kovarianzschätzungen berücksichtigt werden. Deshalb wurde auch mit gleichverteilten $\varepsilon_t \in [-\sqrt{3};+\sqrt{3}]$, also $G(0,1)$ gearbeitet. Den beiden Stufen dieses einzigen qualitativen Merkmals wird die Nominalzahl $d = 1$ für $N(0,1)$ und $d = 0$ für $G(0,1)$ zugeordnet.

Faßt man je eine Stufe aller sechs Merkmale (oder Faktoren) als einen Vektor auf und betrachtet alle möglichen Merkmalswertvektoren, so erhält man einen Raum, der $10 \cdot 43 \cdot 2 \cdot 21 \cdot 2 = 36120$ Vektoren enthält. Ein faktorielles Experiment, in dem alle Merkmalswertvektoren und alle Schätzverfahren untersucht werden, wird als vollständiges faktorielles Experiment [Kempthorne (1965)] bezeichnet. Die Durchführung eines solchen vollständigen faktoriellen Experiments wäre hier an der Rechenzeit [auf einer IBM 1130] gescheitert. Aufgrund der Beobachtungen während diverser Voruntersuchungen läßt sich diese Rechenzeit abschätzen: es wären etwa 1680 Stunden erforderlich gewesen.

Das Experiment mußte aus diesem Grunde auf eine durchführbare Größenordnung reduziert werden, ohne deshalb wesentlich an Verallgemeinerungsfähigkeit der Aussagen zu verlieren. Dazu ist wie folgt vorgegangen worden: Aufgrund der theoretischen Überlegungen in den Abschnitten 3.2 und 3.3 ist anzunehmen [die Richtigkeit dieser Annahme wird sich im Kapitel 5.3 zeigen], daß T und KS die dominierenden Merkmale sein werden. Das Merkmal m tritt für Mittelwertschätzungen [ausgenommen $k_3$ in der Beziehung (4.1.2)] überhaupt nicht in Erscheinung; für Kovarianz- und Korrelationsschätzungen nur auf einer Stufe, nämlich $m \simeq T/3$ ; lediglich für die Berechnung der Vergleichsgrößen sind die in der Tabelle 4.2 angegebenen 43 Kombinationen möglich. Von diesen drei Merkmalen werden deshalb alle möglichen Kombinationen von Merkmalswerten, d.h. maximal $10 \cdot 43 = 430$, betrachtet. Zu diesen 430 Kombinationen wurde je eine Stufe der restlichen drei Merkmale v, $\mu$, und d zufällig ausgewählt. Diese sich so ergebenden Kombinationen sind in der Tabelle 4.3 auf der nächsten Seite zusammengestellt.

Diese Art der Auswahl bringt gleichzeitig einen Vor- und einen Nachteil mit sich. Der Vorteil besteht in der hohen Verallgemeinerungsfähigkeit der Aussagen, weil durch die Betrachtung aller Kombinationen von Merkmalswerten der Merkmale T und KS $8 \cdot 10 = 80$ verschiedene stochastische Prozesse (bzw. Realisationen der Länge T) untersucht werden. Der Nachteil besteht darin, daß die ersten drei Komponenten der Vektoren (nämlich T, KS und m) nicht stochastisch sind sondern systematisch ausgewählt wurden, und damit eine wesentliche Voraussetzung zur Anwendung statistischer Testverfahren verletzt ist. Obwohl andere zusätzliche Voraussetzungen, wie sich im 5. Kapitel zeigen wird, ebenfalls nicht erfüllt sind, sich andererseits aber auch kein design des Experiments angeben läßt, das diesen Mangel beheben könnte, soll dennoch trotz all dieser Bedenken der Versuch zu allgemeinen Aussagen mit den im 5. Kapitel dargestellten Verfahren vorgenommen werden.

Anstelle der ursprünglich 36120 Kombinationen werden in diesem unvollständigen faktoriellen Experiment nur noch 430 Kombinationen betrachtet. Die erforderliche Rechenzeit sinkt damit von 1680 auf 20 Stunden.

## Auswahl der stochastischen Prozesse

Aus dem allgemeinen linearen Prozeß (4.3.1) [cf. S. 69] sind unterschiedliche Prozesse zur Erzeugung von jeweils **N** Zeitrei-

| | T = | 15 | | | 20 | | | 30 | | | 40 | | | 50 | | | 70 | | | 100 | | | 150 | | |
|---|---|---|---|---|---|---|---|---|---|---|---|---|---|---|---|---|---|---|---|---|---|---|---|---|---|
| | m = | 3 4 | | | 3 6 | | | 3 6 9 | | | 3 6 9 12 | | | 3 6 9 12 15 16 | | | 3 6 9 12 15 18 21 22 | | | 3 6 9 12 15 18 21 24 25 | | | 3 6 9 12 15 18 21 24 25 | | |
| | KS | v | μ | d | v | μ | d | v | μ | d | v | μ | d | v | μ | d | v | μ | d | v | μ | d | v | μ | d |
| 1. | 5.00 | 1 | 0 | 0 | .5 | -2.5 | 0 | .5 | 4.5 | 1 | 1 | -2.5 | 1 | 1 | 5 | 1 | 1 | 0 | 1 | 1 | -4 | 1 | 1 | 5 | 0 |
| 2. | 4.00 | .5 | -4 | 1 | 1 | -3 | 1 | 1 | -5 | 0 | .5 | 3 | 1 | .5 | -4.5 | 1 | 1 | 5 | 1 | 1 | 1.5 | 1 | .5 | 1 | 0 |
| 3. | 3.50 | 1 | -4 | 0 | .5 | -4 | 0 | .5 | 3.5 | 0 | 1 | 0 | 1 | .5 | 1.5 | 1 | 1 | 0 | 0 | 1 | .5 | 1 | .5 | -4 | 1 |
| 4. | 3.00 | 1 | 4 | 1 | .5 | 2 | 1 | .5 | -2.5 | 0 | .5 | -1 | 1 | .5 | -1 | 1 | 1 | 3.5 | 1 | 1 | -2.5 | 0 | 1 | -4 | 0 |
| 5. | 2.50 | .5 | 2.5 | 1 | 1 | 1.5 | 1 | .5 | -3 | 0 | 1 | 3.5 | 1 | 1 | -5 | 1 | .5 | -4 | 0 | 1 | -3.5 | 1 | .5 | -1.5 | 1 |
| 6. | 2.00 | 1 | 0 | 1 | .5 | -2.5 | 1 | .5 | 4.5 | 1 | 1 | -2.5 | 0 | 1 | 5 | 1 | 1 | 0 | 0 | 1 | -4 | 1 | 1 | 5 | 1 |
| 7. | 1.58 | .5 | 4 | 0 | 1 | -3 | 1 | 1 | -5 | 1 | .5 | 3 | 1 | .5 | -4.5 | 1 | 1 | 5 | 1 | 1 | 1.5 | 1 | .5 | 1 | 1 |
| 8. | .89 | .5 | 3.5 | 0 | 1 | -4 | 1 | 1 | 0 | 1 | .5 | 1.5 | 0 | 1 | 0 | 1 | .5 | -4 | 0 | .5 | -4 | 1 | 1 | .5 | 0 |
| 9. | .75 | .5 | -1 | 1 | .5 | -1 | 0 | 1 | 3.5 | 0 | 1 | -2.5 | 1 | 1 | -4 | 1 | .5 | -2.5 | 0 | .5 | 2 | 1 | 1 | 4 | 1 |
| 10. | .50 | 1 | -5 | 1 | .5 | -4 | 1 | 1 | -3.5 | 1 | .5 | 2.5 | 0 | 1 | 1.5 | 1 | .5 | -3 | 1 | 1 | 3.5 | 0 | .5 | -1.5 | 0 |

Tab. 4.3: Kombination je einer Stufe aller Faktoren des Experiments

hen der Länge T, mit $N \cdot T \simeq 2400$ wie auf Seite 64 angegeben, ausgewählt worden. Die Parameter $a_i$, $b_j$ werden unter Beachtung der schwachen Stationarität so kombiniert, daß sich die nach (4.3.2) berechneten und in der ersten Spalte der Tabelle 4.3 angegebenen Korrelationssummen KS ergeben. Ausgewählt wurden die folgenden 10 Prozesse

(4.3.3) ARMA(1,1) mit KS = 5.oo

$$X_t = .78X_{t-1} + U_t + .9U_{t-1} + .22\mu$$

(4.3.4) AR(1) mit KS = 4.oo

$$X_t = .75X_{t-1} + U_t + .25\mu$$

(4.3.5) MA(5) mit KS = 3.5o

$$X_t = U_t + U_{t-1} + U_{t-2} + \dots + U_{t-5} + \mu$$

(4.3.6) ARMA(1,1) mit KS = 3.oo

$$X_t = .6X_{t-1} + U_t + .9U_{t-1} + .4\mu$$

(4.3.7) AR(1) mit KS = 2.5o

$$X_t = .6X_{t-1} + U_t + .4\mu$$

(4.3.8) ARMA(1,1) mit KS = 2.oo

$$X_t = .33X_{t-1} + U_t + .9U_{t-1} + .67\mu$$

(4.3.9) AR(2) mit KS = 1.58

$$X_t = 1.1X_{t-1} - .5X_{t-2} + U_t + .4\mu$$

(4.3.10) AR(4) mit KS = o.89

$$X_t = .5X_{t-1} - .3X_{t-2} + .4X_{t-3} - .5X_{t-4} + U_t + .9\mu$$

(4.3.11) ARMA(1,1) mit KS = o.75

$$X_t = - .83X_{t-1} + U_t + .5U_{t-1} + 1.83\mu$$

(4.3.12) ARMA(1,1) mit KS = o.50

$$X_t = .4X_{t-1} + U_t - .9U_{t-1} + .6\mu$$

Für alle Prozesse (4.3.3) bis (4.3.12) ist $E[X_t] = \mu$ und $U_t = v\varepsilon_t$ . Die Prozesse wurden zur Erzeugung unterschiedlicher Reihen der Länge T mit unterschiedlichen Kombinationen von $\mu$, v und d [für $d = 1$ ist $\varepsilon_t$ normalverteilt, für $d = 0$ gleichverteilt] simuliert. Die zu einer Reihenlänge T und einem Prozeß $X_t$ verwendete Kombination von $\mu$, v, d ist in der Tabelle 4.3 angegeben.

Die nach (2.5.5) ermittelte Autokorrelationsfunktion $\rho_\tau$ und die nach (2.7.7) berechnete normierte Spektraldichte $f(\omega)/\gamma_o$ [im 6. Kapitel sollen noch Spektralschätzungen dieser Prozesse behandelt werden] ist in den folgenden Abbildungen dargestellt. Die Abbildung 4.3 enthält die Autokorrelationsfunktion und die normierte Spektraldichte der Prozesse (4.3.3) bis (4.3.6). Die Abbildung 4.4 enthält die entsprechenden Funktionen der Prozesse (4.3.7) bis (4.3.12).

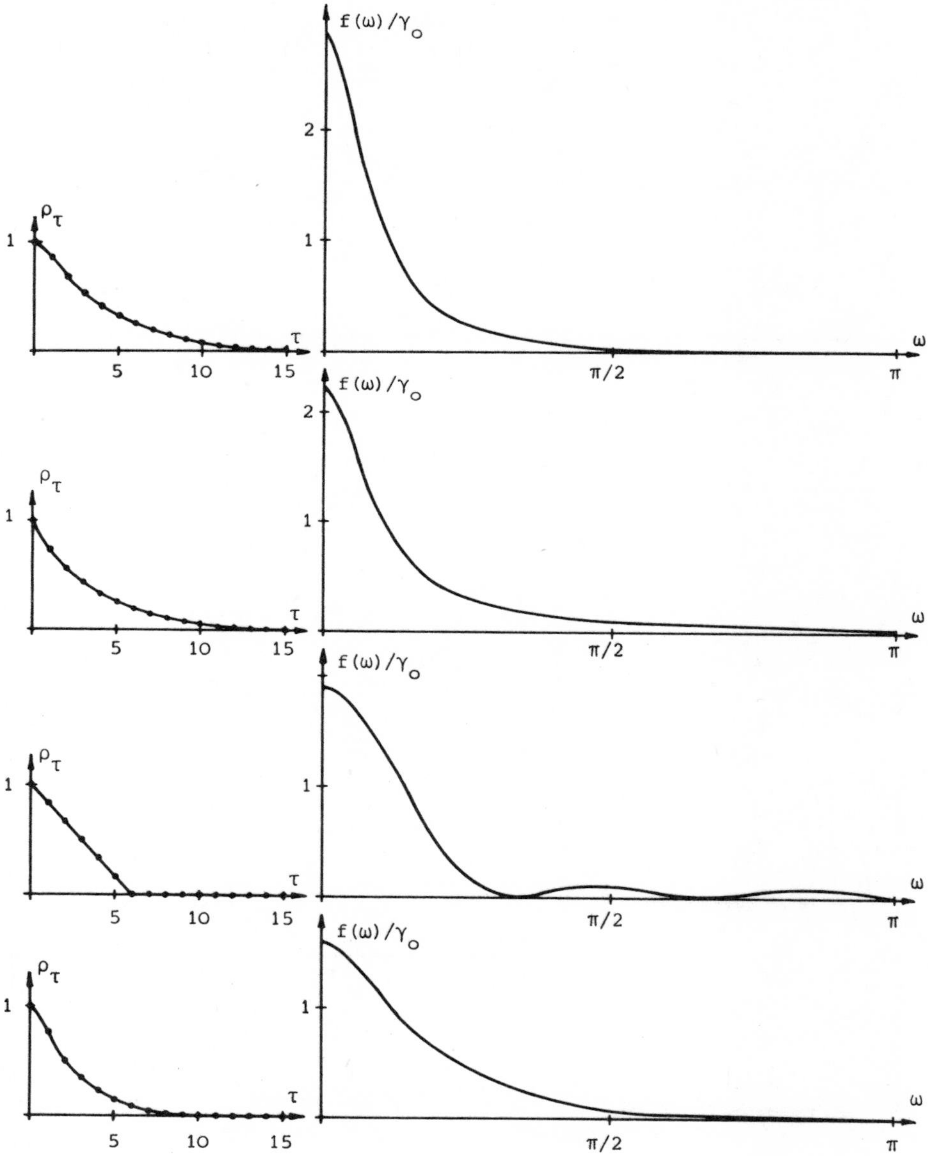


Abb. 4.3: Theoretische Autokorrelationsfunktion und theoretische normierte Spektraldichte der Prozesse (4.3.3) bis (4.3.6)

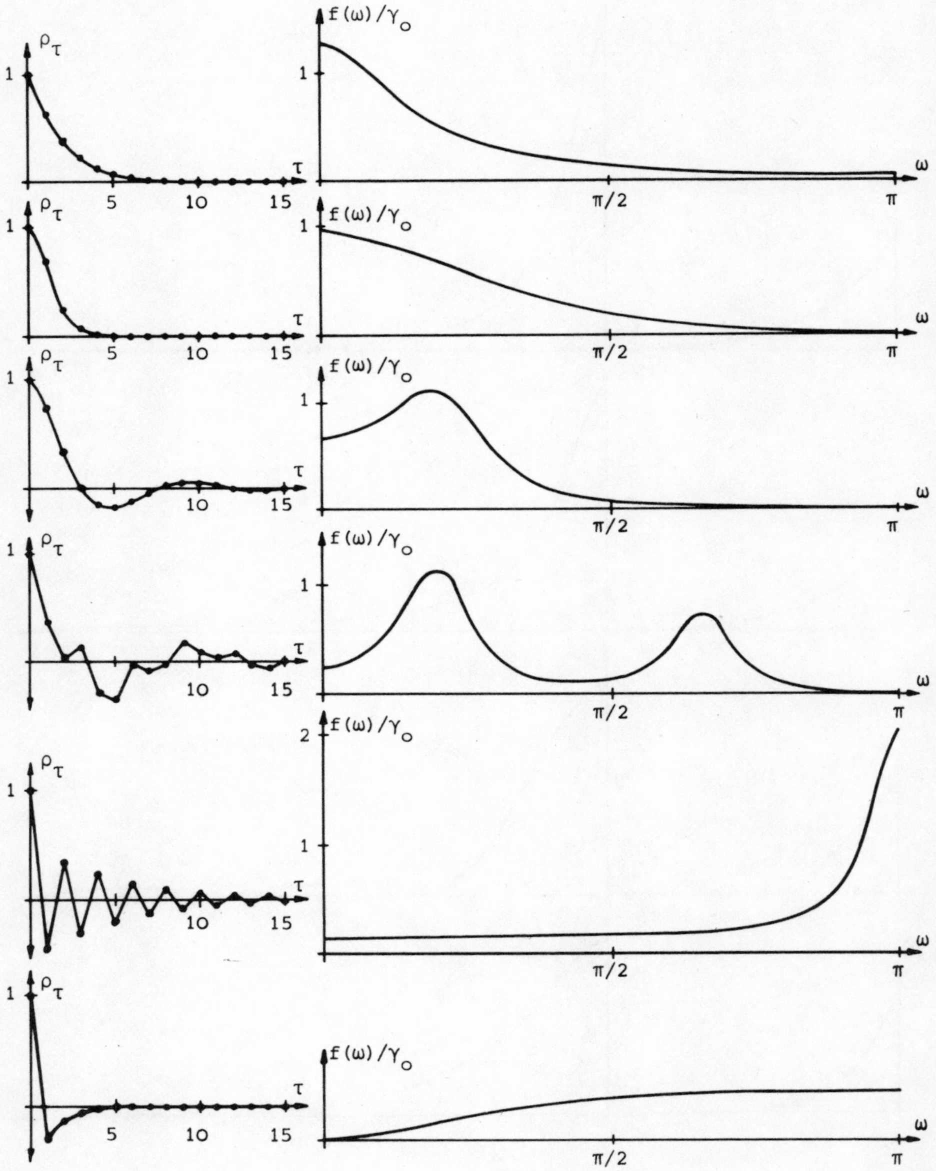


Abb. 4.4: Theoretische Autokorrelationsfunktion und theoretische normierte Spektraldichte der Prozesse (4.3.7) bis (4.3.12)

## 4.4 Durchführung des Experiments

Aus den schwach stationären stochastischen Prozessen (4.3.3) bis (4.3.12) sind für alle in der Tabelle 4.3 dargestellten Kombinationen aller Faktoren, außer dem Merkmal m, je N Zeitreihen so erzeugt worden, daß immer $N \cdot T \approx 2400$ erfüllt war. Aus den jeweils N Zeitreihen werden gemäß Abbildung 4.1 7 Mittelwerte, 15 Autokovarianz- und 16 Autokorrelationsfunktionen geschätzt und nach (4.2.2) über N gemittelt. Anschließend wird aus diesen Schätzungen, jetzt aber mit Berücksichtigung des Merkmals m, nach (4.2.1), (4.2.3) oder (4.2.4) der Wert der Vergleichsgröße berechnet. Innerhalb der drei Klassen der Mittelwert-, der Kovarianz- und der Korrelationsschätzungen wird jeder Schätzfunktion ein Rangplatz zugeordnet, der umso größer ist, je höher der Wert der Vergleichsgröße ausgefallen ist; d.h. den Rangplatz eins erhält die jeweils beste Schätzfunktion.

### Ergebnisse der Voruntersuchung

Das in den vorangegangenen Abschnitten ausführlich beschriebene Experiment ist zunächst probeweise in reduziertem Umfang durchgeführt worden. Von den 430 Kombinationen der Tabelle 4.3 sind 154 zufällig ausgewählt und das Experiment mit ihnen ausgeführt worden.

In den Abschnitten 4.2 und 4.3 sind schon einige der Ergebnisse dieser Voruntersuchung mitgeteilt worden. Insbesondere erwähnenswert ist hier noch, daß der experimentelle Vergleich der konventionellen Kovarianzschätzungen C1 und C2 [cf. S. 61] zeigt, daß C1 etwa zehnmal häufiger den Rangplatz 1 erhielt als

C2; und zwar sowohl nach dem Flächenkriterium ar als auch nach dem mean square error-Kriterium mse. Das war nach der Diskussion der Eigenschaften der konventionellen Schätzfunktionen (3.2.7) und (3.2.9) zu erwarten. Ähnliche Verhältnisse zeigte der Vergleich von R1 mit R2, d.h. den konventionellen Korrelationsschätzfunktionen (3.2.8) und (3.2.10).

Darüber hinaus ergab die nach (3.2.23) bzw. (4.1.8) gebildete Korrelationsschätzfunktion R16 im Vergleich zu R1, und sogar zu R2, wesentlich schlechtere Schätzergebnisse. Die auf Seite 44-45 mitgeteilten Gründe für die Ablehnung dieser Schätzfunktion R16 durch Jenkins & Watts fanden hier ihre empirische 'Bestätigung'. Als Folge davon führten die aus R16 abgeleiteten Schätzfunktionen [cf. S. 61] AM7, C14, C15, R14 und R15 zu keinen brauchbaren Ergebnissen.

## Endgültige Auswahl der Schätzfunktionen

Aufgrund der Ergebnisse der Voruntersuchung sind von den in der Abbildung 4.1 dargestellten Schätzfunktionen die Funktionen AM7, C11, C14, C15, R11, R14, R15 und R16 in den experimentellen Vergleich nicht mit aufgenommen worden.

Mit dieser Negativauslese ist bereits eine zunächst vorläufige Antwort auf die 1. Frage von Seite 57 gegeben. Es lassen sich zwar noch nicht die besten Schätzfunktionen angeben, aber immerhin einige aussortieren, die im Vergleich zu den konventionellen Schätzverfahren keine befriedigenden Ergebnisse liefern.

Die Schätzfunktion C5, und als Folge auch R5, ist verändert worden. In den Vergleich sollte noch eine Schätzfunktion ohne jede Mittelwertbereinigung, d.h.

$$C5 = \frac{1}{T} \sum_{t=1}^{T-\tau} x_t \, x_{t+\tau} \quad , \tag{4.4.1}$$

aufgenommen werden. Diese Schätzfunktion ist nur für Prozesse mit Erwartungswert null von Interesse. Im Verlauf der Simulationsexperimente sollte beobachtet werden, wie sich eine Schätzfunktion ohne Mittelwertbereinigung bewährt, weil Mittelwertbereinigungen, wie die Untersuchung im 3. Kapitel gezeigt hat, offenbar problematischer sind, als bisher angenommen wurde.

Die in die endgültige Durchführung des Experiments aufgenommenen Schätzfunktionen sind in der Abbildung 4.5 auf der nächsten Seite zusammengestellt. Als Folge der reduzierten Anzahl von Schätzfunktionen, die im Experiment verglichen werden sollen, sank die Rechenzeit nochmals von vorher 20 [cf. S. 75] auf nunmehr etwa 16 Stunden.

Die zur Durchführung des Experiments erforderlichen Rechenprogramme sind, mit Ausnahme der Zufallszahlengeneratoren, eigens (in FORTRAN) geschrieben worden. Die Rechenarbeiten wurden auf der IBM 1130 (32K) des Instituts für Angewandte Statistik an der Freien Universität Berlin durchgeführt.

Die Algorithmen zur Berechnung von Mitteln, Kovarianzen und Korrelationen sind nach Möglichkeit so gestaltet worden, daß eine hohe Rechengeschwindigkeit erzielt wird. Anderen Überlegungen in Bezug auf Rechengenauigkeit [cf. Neely (1966) und Ling (1974)] kommt angesichts der bei kurzen Zeitreihen relativ hohen Stichprobenvariabilität nur eine untergeordnete Bedeutung zu.

Der Umfang des Experiments und die verhältnismäßig 'kleine'

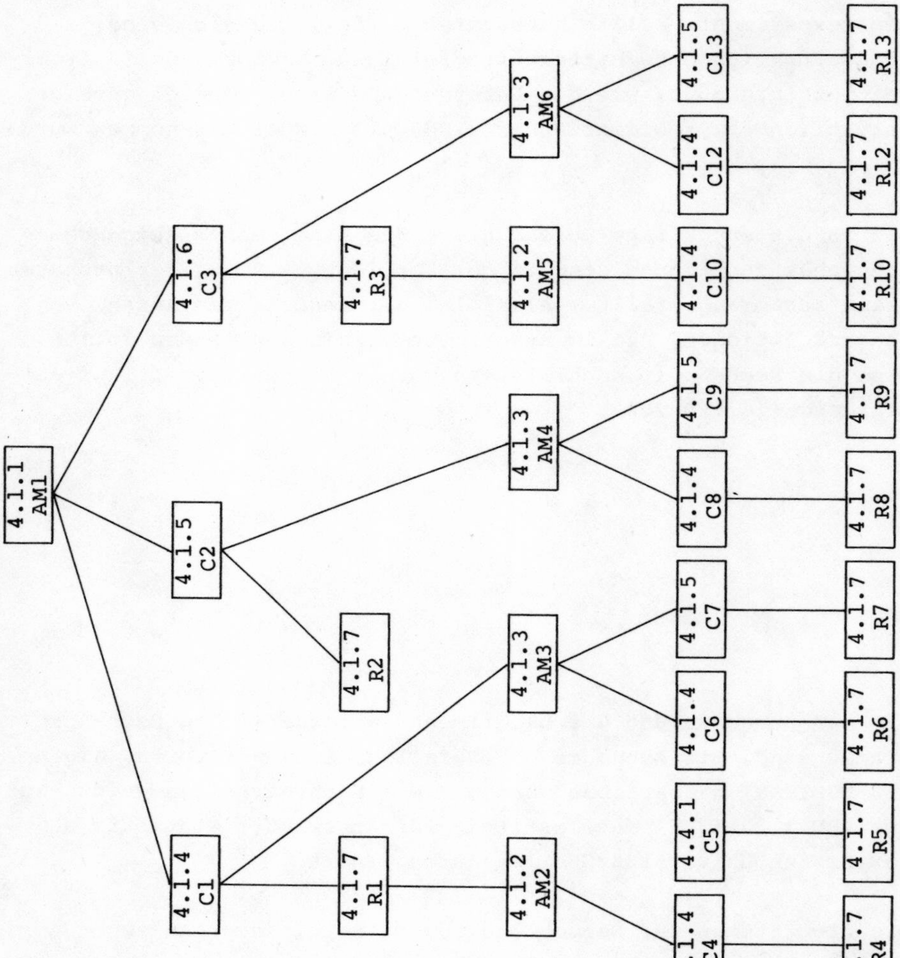


Abb. 4.5: Endgültige Zusammenstellung der Schätzfunktionen für den experimentellen Vergleich

Rechenanlage erforderten eine Zerlegung des Gesamtkomplexes der Berechnungen in LINKS, welche eine Bearbeitung eines Teilkomplexes, Speicherung der Zwischenergebnisse auf Magnetplatte und anschließende Bearbeitung des nächsten Teilkomplexes ermöglicht. Dabei muß immer auf vorher berechnete und auf Platte gespeicherte Ergebnisse direkt zugegriffen werden können.

Die Verwendung einer ausreichenden Anzahl von Steuerparametern zur Steuerung der Abfolge einzelner Programmaktivitäten ermöglicht so die flexible und effiziente Lösung großer Probleme auch auf kleinen Rechenanlagen.

## 5. Auswertung des Vergleichs

5.1 Ergebnisse des Experiments
5.2 Parametrische und nichtparametrische multivariate Analyse
5.3 Merkmalsreduktion
5.4 Diskriminanzfunktion
5.5 Anwendungsbeispiele

Die Auswertung des im 4. Kapitel beschriebenen Simulationsexperiments soll in erster Linie möglichst erschöpfende Antworten auf die vier [auf der Seite 57] gestellten Fragen liefern.

Die 1. Frage nach der Auswahl einiger besonders geeigneter Schätzfunktionen wird im Abschnitt 5.1 abschließend geklärt: es lassen sich je 3 Kovarianz- und Korrelationsschätzfunktionen angeben, die für alle betrachteten Zeitreihen besonders gute Schätzergebnisse liefern. In diesem Abschnitt 5.1 werden ausserdem noch einige Begriffe aus der multivariaten beschreibenden Statistik eingeführt, weil sie erstens die Grundlage für die Betrachtungen in den weiteren Abschnitten dieses 5. Kapitels bilden, zweitens aber auch schon einen ersten Eindruck von den Beziehungen der betrachteten Merkmale untereinander deutlich machen.

Der Abschnitt 5.2 dient der Beantwortung der 2. Frage nach dem Unterschied zwischen den Ergebnissen der ausgewählten Schätzfunktionen. Zur Untersuchung dieser Frage gibt es (in der Theorie) parametrische und nichtparametrische Tests auf Gleichheit von Verteilungen. Es wird sich jedoch herausstellen, daß die Anwendung derartiger Tests hier äußerst problematisch ist. Die methodisch einwandfreie Anwendung der parametrischen Tests setzt eine Reihe restriktiver Annahmen voraus, die im hier vorliegenden Fall nicht -oder nicht exakt- erfüllt sind. Die Anwendung nichtparametrischer Tests erfordert ungleich schwächere Voraussetzungen, die hier zwar auch nicht alle erfüllt sind, scheitert aber außerdem wegen der relativ großen Stichprobenumfänge an unvertretbar hohen Rechenzeiten. Aus diesen Gründen wird hier auf die Durchführung von Tests verzichtet und die 2. Frage mit den Mitteln der beschreibenden Statistik beantwortet.

Vor der Beantwortung der 3. Frage, die die Trennung der jeweils 3 Kovarianz- und Korrelationschätzfunktionen (anhand der 6-dimensionalen Merkmalswertvektoren) in je 3 Regionen betrifft, soll im Abschnitt 5.3 zunächst die Frage nach einer möglichen Merkmalsreduktion beantwortet werden, d.h. welche Merkmale für eine Trennung in Regionen überhaupt unentbehrlich sind. Nach der Einführung eines Maßes für die Unentbehrlichkeit werden dann schrittweise die Merkmale mit der kleinsten Unentbehrlichkeit ausgesondert. Die Grundlage dieses Vorgehens wird ein multivariates Trennmaß sein.

Im Abschnitt 5.4 wird die 3. Frage untersucht. Dazu bietet sich die multivariate Diskriminanzanalyse an, die dieselben restriktiven Voraussetzungen erfordert wie die parametrischen Verfahren im Abschnitt 5.2. Obwohl diese Voraussetzungen hier nicht voll erfüllt sind, werden die zur Trennung in Regionen erforderlichen Gleichungen der Diskriminanzfunktion aufgestellt, weil es hierzu gegenwärtig kein anderes Verfahren gibt. Sie sollen dann allerdings nur als ein erster Versuch für die Festlegung von Regionen interpretiert werden, in denen die betrachteten Schätzfunktionen die besten Ergebnisse liefern. Dieses Vorgehen ist auch deshalb zu rechtfertigen, weil eine Anwendung der Diskriminanzanalyse trotz Verletzung gewisser Prämissen nicht die Existenz verbesserter Schätzfunktionen in Frage stellt, sondern schlimmstenfalls die Auswahl der besten Schätzfunktion erschweren kann.

Im Abschnitt 5.5 schließlich werden numerische Ergebnisse von Kovarianz- und Korrelationsschätzungen vorgestellt und mit den Schätzergebnissen verglichen, die sich mit konventionellen Schätzfunktionen erzielen lassen. Der zum Teil beträchtliche Gewinn an Schätzgenauigkeit, der sich hier zeigen wird, ist in zweierlei Hinsicht von Bedeutung. Zum einen ist er die nachträgliche Bestätigung für die Sinnhaftigkeit des Vorgehens bei der Auswertung des Experiments, da die Entscheidung für die beste Schätzfunktion nach den hier erarbeiteten Kriterien vorgenommen wurde. Zum anderen zeigt er die Richtigkeit der Überlegungen, die zur Konstruktion neuer Schätzfunktionen im Abschnitt 3.3 führte.

## 5.1 Ergebnisse des Experiments

Die Durchführung des endgültig geplanten Experiments, so wie es im 4. Kapitel beschrieben wurde, besteht aus drei Schritten.

Im ersten Schritt werden je N Zeitreihen durch Simulation von schwach stationären stochastischen Prozessen erzeugt. Die Prozesse sind durch die erzeugenden Gleichungen (4.3.3) bis (4.3.12) [cf. S. 77-78] und die ausgewählten Kombinationen je einer Stufe aller 5 Einflußfaktoren [die Laglänge m spielt bei der Simulation keine Rolle] festgelegt. Aus der Tabelle 4.3 [cf. S. 76] entnimmt man, daß so 80-mal je N Zeitreihen erzeugt werden.

Im zweiten Schritt werden aus jedem dieser 80 Blöcke von N Reihen Mittelwerte, Autokovarianz- und Autokorrelationsfunktionen [nunmehr mit Berücksichtigung des Faktors m] geschätzt und nach

(4.2.2) über N gemittelt. Die verwendeten Schätzfunktionen sind in der Abbildung 4.5 auf Seite 84 dargestellt. So erhält man für jeden der 80 Blöcke 6 Mittelwerte, 12 Autokovarianz- und 12 Autokorrelationsschätzungen.

Im dritten Schritt wird aus diesen Momentenschätzungen der Wert der Vergleichsgrößen berechnet. Und zwar für Mittelwerte nach (4.2.1) sowie für Kovarianzen und Korrelationen nach (4.2.3) [= mean square error - Kriterium] oder (4.2.4) [= Flächenkriterium]. Für jede der drei Klassen der Mittelwert-, der Kovarianz- und der Korrelationsschätzungen wird eine getrennte Rangliste aufgestellt: den Rangplatz 1 erhält jeweils die Schätzfunktion mit dem kleinsten Wert der Vergleichsgröße.

Im gesamten Experiment über alle 80 Blöcke wird [cf. S. 76] also für Mittelwertschätzfunktionen 80-mal sowie für Autokovarianz- und Autokorrelationsschätzfunktionen je 430-mal der Rangplatz 1 vergeben. Im Folgenden werden, wie bereits erwähnt, Mittelwertschätzungen nicht bzw. nur insoweit betrachtet, wie sie als Mittelwertbereinigung in Kovarianz- und Korrelationsschätzungen eine Rolle spielen. Die in den Ergebnissen angegebenen Rangplätze beruhen, wie bereits gesagt, auf dem Flächenkriterium (4.2.4).

Eine erste Inspektion der Ergebnisse des Experiments liefert zwei zunächst erwähnenswerte Resultate. Erstens sind die im experimentellen Vergleich betrachteten Kovarianz- und Korrelationsschätzfunktionen offenbar verschieden gut geeignet, die Momentfunktionen eines Prozesses zu schätzen. Von den je 430 Möglichkeiten, den Rangplatz 1 zu erzielen, erreichten bei den Kovarianzschätzungen die Funktionen C1, C6 und C8 bereits 327, d.h. 76%. Bei den Korrelationsschätzungen erzielten R1, R4 und R6 zusammen 219, d.h. immerhin noch 51%.

Zweitens liefert das Flächenkriterium ar [und auch das mean square error - Kriterium mse] in einigen Fällen auch dann noch unterschiedliche Werte, und damit auch Rangplätze, wenn zwei geschätzte Funktionen innerhalb einer vorgegebenen Rechengenauigkeit bereits als gleichwertig angesehen werden können.

Ein Beispiel mag das erläutern. Für den MA(5)-Prozeß (4.3.5) mit der zu T = 70 und KS = 3.5 gehörenden Faktorenkombination aus der Tabelle 4.3, also den Prozeß

$$X_t = \varepsilon_t + \varepsilon_{t-1} + \ldots + \varepsilon_{t-5} \qquad \varepsilon_t \sim G(0,1) \quad ,$$

liefern C12 und C8 die in der folgenden Tabelle 5.1 dargestellten Kovarianzschätzungen [im Mittel über N = 35 Reihen]

| $\tau$ | $\gamma_\tau$ | C12 | $\hat{Var}$[C12] | C8 | $\hat{Var}$[C8] |
|---|---|---|---|---|---|
| 0 | 6. | 5.866 | 2.720 | 5.855 | 2.713 |
| 1 | 5. | 4.749 | 2.571 | 4.739 | 2.568 |
| 2 | 4. | 3.725 | 2.019 | 3.716 | 2.015 |
| 3 | 3. | 2.761 | 1.500 | 2.751 | 1.489 |
| | | ar [C12] = 2.440 | | ar [C8] = 2.443 | |

Tab. 5.1: Vergleich der Ergebnisse zweier Kovarianz-Schätzfunktionen

Die größte Abweichung zwischen C12 und C8 ist sowohl bei den Schätzwerten als auch bei den Varianzen o.011, d.h. die Ergebnisse sind praktisch gleichwertig. Dennoch wird aufgrund des Werts für das Flächenkriterium ar die Schätzfunktion C12 als besser beurteilt.

Zu den Faktorenkombinationen, bei denen die Schätzfunktionen C1, C6 und C8 sowie R1, R4 und R6 jeweils am häufigsten den Rangplatz 1 erreichten, wurden daraufhin noch die Kombinationen hinzugenommen, bei denen diese Schätzfunktionen mit anderen Schätzfunktionen praktisch gleichwertig waren. Zur Beurteilung dieses 'praktisch gleichwertig'- Seins gibt es nur subjektive

Kriterien. Hier wurde so vorgegangen, daß zwei Schätzfunktionen als praktisch gleichwertig angesehen werden, wenn ihre ar-Werte um höchstens 10% (bezogen auf den kleineren ar-Wert) voneinander abweichen.

Mit den so vorgenommenen Korrekturen erreichten dann C1 230-mal, C6 91-mal und C8 67-mal den Rangplatz 1 oder einen gleichwertigen Rangplatz; insgesamt also 388 von 430 Möglichkeiten, d.h. 90%. Bei den Korrelationschätzfunktionen erzielen jetzt R1 173-mal, R4 37-mal und R6 77-mal den Rangplatz 1 oder einen gleichwertigen Platz; insgesamt also 287 von 430 Plätzen,d.h. 67%.
Die Ergebnisse sind in den folgenden Abbildungen 5.1 und 5.2 als Projektion in die T-KS-Ebene dargestellt. Die Stufen des Faktors m in Abhängigkeit von T [cf. Tabelle 4.2 auf Seite 73 und Tabelle 4.3 auf Seite 76] sind ebenfalls angegeben. Sie sind durch Drehung der KS-m-Ebene um die KS-Achse in die T-KS-Ebene geklappt. Die Abbildung 5.1 zeigt die Kombinationen je einer Stufe der Faktoren T, KS und m, für die C1 (⊕), C6 (★) oder C8 (☆) den Rangplatz 1 oder einen gleichwertigen Platz erzielten. Zum Beispiel erreichte für $T = 70$ , $KS = 2$ und $m = 3,6$ keine der drei Kovarianzschätzfunktionen den Rangplatz 1; für $m = 9$ erhielten C8 und für $m = 12,15,18,21,22$ C6 den Rangplatz 1 oder einen gleichwertigen Rangplatz. Die zu einer bestimmten Kombination je einer Stufe der Merkmale (T,KS,m) gehörende Kombination je einer Stufe der Faktoren ($v,\mu,d$) ist nicht angegeben; sie ergibt sich aber in eindeutiger Weise aus der Tabelle von Seite 76. Die Abbildung 5.2 zeigt die Kombinationen je einer Stufe der Faktoren (T,KS,m), für die R1 (⊕), R4 (☆) oder R6 (★) den Rangplatz 1 oder einen gleichwertigen Platz erreichten.

Beide Abbildungen deuten an, daß sich offenbar Schätzfunktionen angeben lassen, die den konventionellen Schätzfunktionen C1 und R1 gerade in den für ökonomische Zeitreihen kritischen Bereichen [cf. S. 34], d.h. kurze und überwiegend positiv autokorrelierte Reihen, überlegen sind. Vorschläge zur Konstruktion

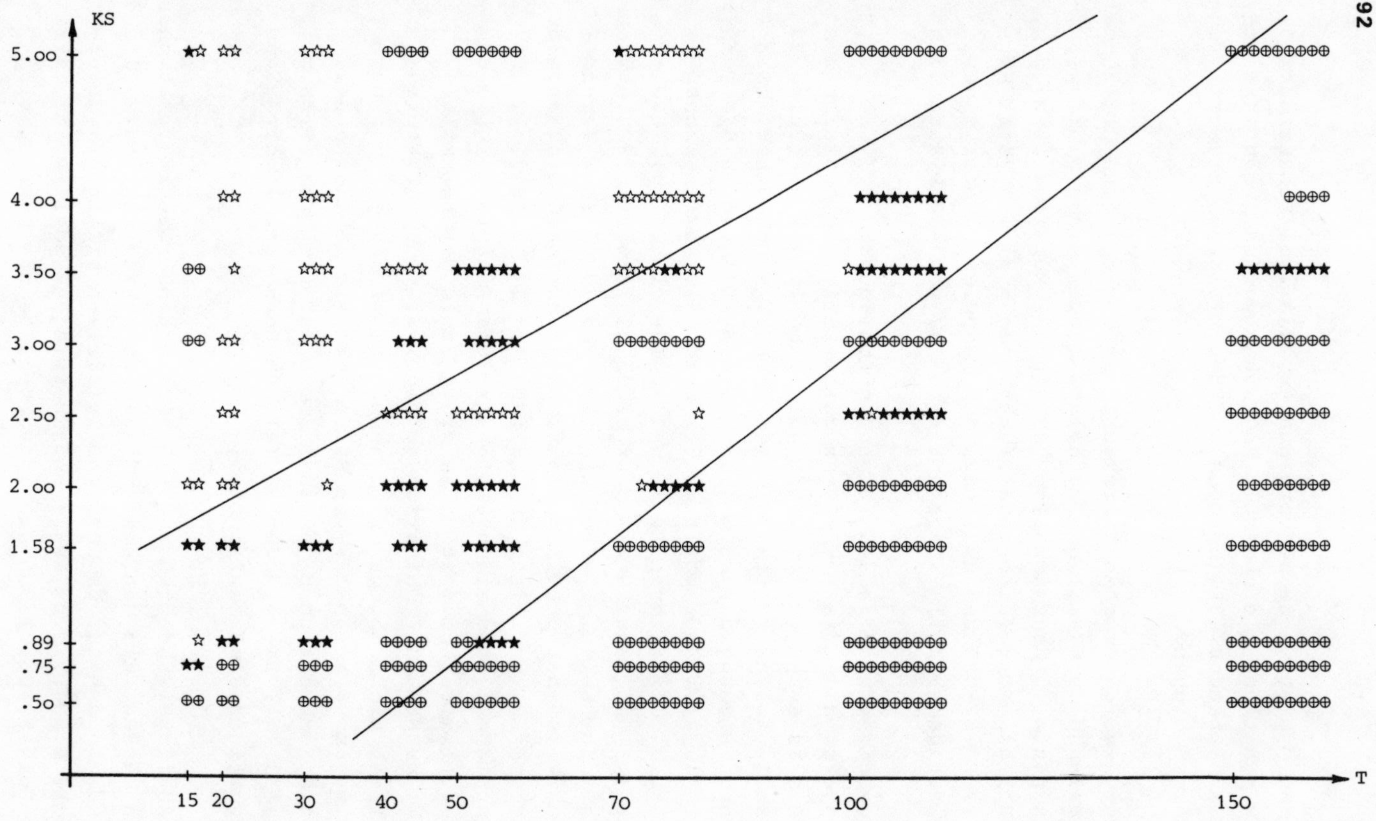


Abb. 5.1: Kombinationen je einer Stufe der Faktoren (T,KS,m), für welche die Kovarianzschätzfunktionen C1 (⊕), C6 (★) oder C8 (☆) den besten Rangplatz erzielten

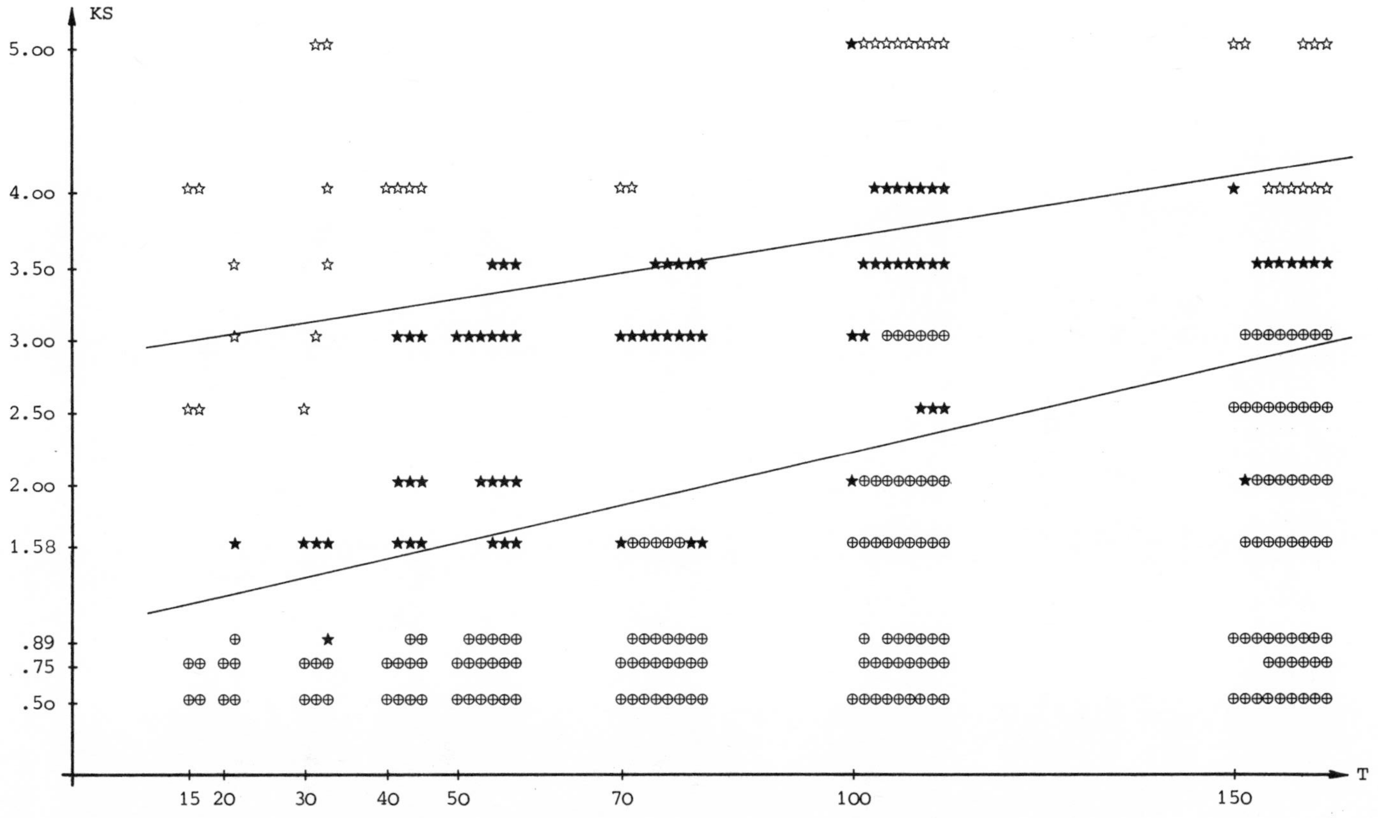


Abb. 5.2: Kombinationen je einer Stufe der Faktoren (T,KS,m), für welche die Korrelationsschätzfunktionen R1 (⊕), R4 (☆) oder R6 (★) den Rangplatz 1 oder einen gleichwertigen Platz erreichten

solcher Schätzfunktionen wurden im Abschnitt 3.3 diskutiert und die Funktionen im Abschnitt 4.1 zusammengestellt.

In den Abbildungen 5.1 und 5.2 sind noch je 2 Geraden eingezeichnet, auf die noch ausführlich eingegangen wird. Mit diesen Geraden wird die in den Fragen 3 und 4 von Seite 57 angesprochene Trennung in Regionen vorgenommen mit dem Ziel, daß in je einer Region jeweils eine Schätzfunktion die besten Schätzergebnisse liefert.

Die 2. Frage, ob sich aufgrund der Merkmalswertvektoren ein Unterschied zwischen den Ergebnissen der (jeweils 3) ausgewählten Schätzfunktionen feststellen läßt, kann anhand der Abbildungen 5.1 und 5.2 augenscheinlich bejaht werden, soll im folgenden Abschnitt 5.2 aber noch näher untersucht werden.

Lediglich die 1. Frage von Seite 57 nach der Auswahl bester Schätzfunktionen ist bereits endgültig beantwortet: drei Kovarianzschätzfunktionen [nämlich C1, C6 und C8] und drei Korrelationsschätzfunktionen [nämlich R1, R4 und R6] liefern für alle untersuchten Zeitreihen besonders gute Schätzergebnisse.

In den folgenden Abschnitten dieses Kapitels und im 6. Kapitel werden also nur noch die Schätzfunktionen C1, C6 und C8 sowie R1, R4 und R6 betrachtet.

Bewährt, wenn auch in geringerem Umfang, hat sich noch die Schätzfunktion R8. Ebenfalls gute Schätzergebnisse, allerdings nur für kleine Laglängen m, lieferten die von Quenouille angegebene Schätzfunktion C3 nach (4.1.6) bzw. (3.2.24) und die daraus abgeleitete Korrelationsschätzfunktion R3 nach (4.1.7) bzw. (3.2.25).

Die konventionellen Schätzfunktionen C2 und R2 [cf. S. 37] lieferten im Vergleich zu C1 und R1 keine befriedigenden Schätzergebnisse. Darauf wurde bereits [auf S. 81-82] bei den Ergebnissen der Voruntersuchung des Experiments im Abschnitt 4.4 hingewiesen.

Statistische Beschreibung der Ergebnisse

Bei der Beantwortung der noch offenen 2. bis 4. Frage von Seite 57 geht es, formaler als bisher ausgedrückt, um die Untersuchung der Beziehungen zwischen der Klasseneinteilung von Elementen und ihren Merkmalswerten.

Was dabei unter einem Element zu verstehen ist, ergibt sich aus dem design des Experiments, so wie es im 4. Kapitel beschrieben wurde. Nämlich die Anwendung einer Schätzfunktion [z.B. $C1(\tau)$ mit $0 \leq \tau \leq m$] auf eine Zeitreihe der Länge T, deren erzeugender Prozeß durch eine spezielle Kombination je einer Stufe der Merkmale $(KS, v, \mu, d)$ festgelegt ist. Jedes Element wird also durch eine Reihe von 6 (allgemein: p) Merkmalswerten, die bestimmten Merkmalen entsprechen, repräsentiert. In diesem Sinne besteht hier ein Unterschied zwischen vorhandenen und neuen Elementen. Die Merkmalswerte der Merkmale $(KS, v, \mu, d)$ der vorhandenen Elemente ergeben sich aus der Tabelle 4.3, während sie für neue Elemente aus der entsprechenden Zeitreihe zu schätzen sind.
Die Klasseneinteilung der Elemente wird anhand der Rangplätze vorgenommen. So enthält z.B. die Klasse 1 alle Elemente, für welche die Kovarianzschätzfunktion C8, die Klasse 2 alle Elemente, für die C6 und die Klasse 3 alle Elemente, für die C1 den besten Rangplatz erzielte.

Die weiteren Überlegungen gelten für Kovarianz- oder Korrelationsschätzungen in gleicher Weise. Betrachtet werden je 3 (allgemein: J) Klassen von Elementen oder Merkmalswertvektoren. Aus der j-ten Klasse seien $n_j$ p-dimensionale Merkmalswertvektoren gegeben. Die einzelnen Merkmalswertvektoren der Klasse j werden bezeichnet als

(5.1.1) $$\mathbf{y}_{jk} = \begin{bmatrix} y_{1jk} \\ y_{2jk} \\ \vdots \\ y_{pjk} \end{bmatrix} \qquad j=1,2,\ldots,J \quad k=1,2,\ldots,n_j \quad .$$

Grundlage für alle folgenden Berechnungen sind die Mittelwertvektoren

(5.1.2) $$\mathbf{y}_{j.} = \frac{1}{n_j} \sum_{k=1}^{n_j} \mathbf{y}_{jk} \qquad j=1,2,\ldots,J$$

der einzelnen Klassen, der Mittelwertvektor aller Klassen

(5.1.3) $$\mathbf{y}_{..} = \frac{1}{n} \sum_{j=1}^{J} \sum_{k=1}^{n_j} \mathbf{y}_{jk} = \frac{1}{n} \sum_{j=1}^{J} n_j \mathbf{y}_{j.} \qquad \text{mit}$$

$$n = \sum_{j=1}^{J} n_j \quad ,$$

die Kovarianzschätzungen der einzelnen Klassen

(5.1.4) $$\mathbf{S}_j = \frac{1}{n_j-1} \sum_{k=1}^{n_j} (\mathbf{y}_{jk}-\mathbf{y}_{j.})(\mathbf{y}_{jk}-\mathbf{y}_{j.})' \qquad j=1,\ldots,J$$

sowie die gemittelte Kovarianzmatrix

(5.1.5) $$\mathbf{S} = \frac{1}{n-J} \sum_{j=1}^{J} (n_j-1)\, \mathbf{S}_j \quad .$$

Bezeichnet man die Elemente von **S** mit $s_{ki}$, so ist die gemittelte Korrelationsmatrix **R** gegeben durch

(5.1.6) $$\mathbf{R} = (r_{ki}) = \left(\frac{s_{ki}}{\sqrt{s_{kk}s_{ii}}}\right) \quad .$$

Zum Beispiel ergeben sich für die in der Abbildung 5.2 dargestellten Korrelationsschätzungen mit $J = 3$, $n_1 = 37$, $n_2 = 77$ und $n_3 = 173$ nach (5.1.2) die folgenden Mittelwertvektoren

| | T | KS | m | v | μ | d |
|---|---|---|---|---|---|---|
| $\mathbf{y}_{1.}$ = ( | 81.89 | 4.20 | 11.65 | o.72 | o.92 | o.57 )' |
| $\mathbf{y}_{2.}$ = ( | 77.53 | 2.88 | 13.31 | o.83 | -o.03 | o.86 )' |
| $\mathbf{y}_{3.}$ = ( | 96.24 | 1.20 | 13.70 | o.78 | -o.50 | o.61 )' |

sowie die in der folgenden Tabelle 5.2 dargestellte Kovarianzmatrix **S** und die Korrelationsmatrix **R**, die nach (5.1.5) bzw. (5.1.6) berechnet wurden. Da beide Matrizen symmetrisch sind, genügt es, die Elemente oberhalb bzw. unterhalb der Hauptdiagonalen anzugeben. Oberhalb der in der Tabelle eingezeichneten Treppenlinie stehen die Kovarianzen und unterhalb der Treppenlinie die Korrelationen.

| | T | KS | m | v | μ | d |
|---|---|---|---|---|---|---|
| T | 1868.51 | 17.57 | 136.30 | .60 | 11.14 | -2.88 |
| KS | .50 | .65 | 1.60 | .04 | -0.22 | .00 |
| m | .44 | .28 | 50.02 | .11 | .42 | -0.12 |
| v | .05 | .20 | .06 | .06 | .14 | .00 |
| μ | .08 | -0.09 | .02 | .18 | 9.62 | .08 |
| d | -0.14 | .01 | -0.04 | .01 | .05 | .21 |

Tab. 5.2: Kovarianz- und Korrelationsmatrix der Elemente aus der Abbildung 5.2

Die Korrelationsmatrix [untere Hälfte der Tabelle 5.2] gibt einen ersten Eindruck vom gegenseitigen Zusammenhang je zweier

Merkmale. Das gesamte Spektrum der Merkmalszusammenhänge wird jedoch erst bei der multivariaten Betrachtung deutlich.

## 5.2 Parametrische und nichtparametrische multivariate Analyse

In diesem Abschnitt soll versucht werden, eine Antwort auf die 2. Frage von Seite 57 zu geben; d.h. läßt sich anhand der p-dimensionalen Merkmalswertvektoren beurteilen, ob ein Unterschied zwischen den Ergebnissen der je 3 ausgewählten Schätzfunktionen besteht?

Die p-dimensionalen Merkmalswertvektoren werden nach (5.1.1) mit $\mathbf{y}_{jk}$ bezeichnet, und es wird davon ausgegangen, der Vektor $\mathbf{y}_{jk}$ entstamme einer Grundgesamtheit mit der Verteilungsfunktion $F_j(\mathbf{y})$ , $j=1,\dots,J$ . Eine Antwort auf die 2. Frage liefert dann ein Test der Hypothese

$$H_o \; : \; F_1 = F_2 = \dots = F_J \tag{5.2.1}$$

gegen Alternativen $F_j(\mathbf{y}) = F(\mathbf{y}-\mathbf{d}_j)$ , wobei die Vektoren $\mathbf{d}_j$ mit $j=1,\dots,J$ nicht alle gleich sind. Es handelt sich hier um einen Test für Lagealternativen, für die es eine ganze Reihe von parametrischen und nichtparametrischen Teststatistiken gibt. Einige dieser Statistiken und ihre Anwendbarkeit auf den hier vorliegenden Sachverhalt sollen im Folgenden diskutiert werden.

### Multivariate Varianzanalyse

Aufgabe der multivariaten Varianzanalyse ist die Untersuchung der Beziehungen zwischen der Klasseneinteilung von Merkmalswertvektoren und ihren Merkmalswerten. Dabei beruht die multivariate Varianzanalyse, wie jede mathematische Theorie, auf Voraussetzungen, die ihren Gültigkeitsbereich abgrenzen. Es handelt sich [cf. Ahrens & Läuter (1974), S. 98] um die folgenden Prämissen

(5.2.2)

(i) die p-dimensionalen Merkmalswertvektoren aus der Klasse j (j=1,...,J) sind normalverteilt $N(\mu_j,\Sigma)$. $\mu_j$ ist der Mittelwertvektor der j-ten Klasse.

(ii) $\boldsymbol{\Sigma}$ ist die für alle J Klassen einheitliche Kovarianzmatrix.

(iii) die Merkmalswertvektoren sind stochastisch unabhängig voneinander.

(iv) bei allen Merkmalswertvektoren liegen Merkmalswerte von sämtlichen p Merkmalen vor (keine Meßwertausfälle).

Wegen der vorausgesetzten Normalverteilung und der Gleichheit der Kovarianzmatrizen für alle J Klassen reduziert sich $H_o$ aus (5.2.1) auf die Hypothese der Gleichheit aller J Mittelwertvektoren

(5.2.3) $$H_o \quad : \quad \mu_1 = \mu_2 = \ldots = \mu_J$$

gegen die Alternative, daß mindestens ein Gleichheitszeichen nicht gilt.

Es sollen hier zwei Prüfstatistiken für $H_o$ nach (5.2.3) betrachtet werden. Da ist einmal die auf Lawley und Hotelling zurückgehende Teststatistik

(5.2.4) $$\tilde{\chi}^2 = \sum_{j=1}^{J} n_j (\mathbf{y}_{j.} - \mathbf{y}_{..})' \mathbf{S}^{-1} (\mathbf{y}_{j.} - \mathbf{y}_{..}) \qquad ,$$

wobei die Mittelwertvektoren $\mathbf{y}_{j.}$ bzw. $\mathbf{y}_{..}$ nach (5.1.2) bzw. (5.1.3) und die Kovarianzmatrix $\mathbf{S}$ nach (5.1.5) berechnet werden. Die Vektoren $\mathbf{y}_{j.}$ und die Matrix $\mathbf{S}$ sind erwartungstreue und konsistente Schätzungen für $\mu_j$ und $\Sigma$. $\tilde{\chi}^2$ ist, unter $H_o$, $\chi^2$-verteilt mit $g = p(J-1)$ Freiheitsgraden. Die Hypothese $H_o$ der Gleichheit der J Mittelwertvektoren wird abgelehnt, sobald $\tilde{\chi}^2 \geq \chi^2_g(\alpha)$ ist, wobei $\chi^2_g(\alpha)$ der Prozentpunkt der $\chi^2$-Verteilung bei der Irrtumswahrscheinlichkeit $\alpha$ ist.

"Die Näherung der Verteilung von $\tilde{\chi}^2$ durch die $\chi^2$-Verteilung mit g Freiheitsgraden ist nur für sehr große Stichproben zu empfehlen, da sie bei kleinerem n erhebliche Fehler mit sich bringt" [Ahrens & Läuter (1974), S. 54]. Aus diesem Grunde bevorzugen Ahrens & Läuter eine, von Läuter [(1974)] angegebene, Approximation an die F-Verteilung. Die Teststatistik $\tilde{F}$ zur Prüfung der Hypothese (5.2.3) der Gleichheit aller J Mittelwertvektoren ist gegeben durch [Ahrens & Läuter (1974), S. 102]

(5.2.5)
$$\tilde{F} = \frac{n-J-p+1}{(J-1)p(n-J)} \sum_{j=1}^{J} n_j (\mathbf{y}_{j.}-\mathbf{y}_{..})' \, \mathbf{S}^{-1} (\mathbf{y}_{j.}-\mathbf{y}_{..}) \quad .$$

$\tilde{F}$ ist, unter $H_o$, approximativ F-verteilt mit den Freiheitsgraden

$$g_1 = \begin{cases} \dfrac{(J-1)p(n-J-p)}{n-(J-1)p-2} & \text{für } n-(J-1)p-2 > 0 \\ \infty & \text{für } n-(J-1)p-2 \leq 0 \end{cases}$$

$$g_2 = n-J-p+1 \quad .$$

Die Hypothese $H_o$ der Gleichheit der J Mittelwertvektoren wird abgelehnt, wenn $\tilde{F} \geq F^{g_1}_{g_2}(\alpha)$ gilt, wobei $F^{g_1}_{g_2}(\alpha)$ der Prozentpunkt der F-Verteilung bei der Irrtumswahrscheinlichkeit $\alpha$ ist.

Die Voraussetzungen zur Anwendung dieser beiden Tests sind mit

(5.2.2) auf Seite 99 angegeben. Die Voraussetzung (i) der Normalverteilung ist hier nicht erfüllt, und es läßt sich wegen der Merkmale [cf. Tabelle 4.1 auf S. 71], die betrachtet werden müssen, auch kein design des Experiments angeben, das diesen Mangel heilt. Die in (ii) vorausgesetzte Gleichheit der Kovarianzmatrizen ist ohne zusätzliche Tests nicht entscheidbar. Die Voraussetzung (iii) der Stochastik aller Merkmalswertvektoren ist nicht erfüllt. Darauf wurde schon auf Seite 75 hingewiesen. Die Voraussetzung (iv), nach der keine Meßwertausfälle auftreten dürfen, ist erfüllt.

In dieser Situation erhebt sich die Frage, ob die Tests überhaupt angewendet werden sollen. Ahrens & Läuter [(1974), S. 181 ff.] plädieren in ihrer ausführlichen Diskussion der Voraussetzungen für eine Anwendung der multivariaten Varianzanalyse, auch wenn diese Voraussetzungen zum Teil nicht erfüllt sind. So schreiben sie z.B.:"Diese Voraussetzungen sind in der Praxis nirgends exakt erfüllt, in vielen Fällen liegen sogar erhebliche Verstöße gegen sie vor." Und weiter: "Bei der mehrdimensionalen Varianzanalyse ist nicht zu erwarten, daß jede Verletzung der Voraussetzungen zu grotesken Verzerrungen in den praktischen Schlußfolgerungen führt. Im Gegenteil, es spricht vieles dafür, daß die Hauptresultate der Analyse, zumindest in ihren wesentlichen Tendenzen, auch bei vorhandenen Abweichungen richtig bleiben."

Im Gegensatz zu der Auffassung von Ahrens & Läuter soll hier wesentlich zurückhaltender vorgegangen werden. Dabei bieten sich immer noch genügend Anhaltspunkte für eine überzeugende Antwort auf die 2. Frage von Seite 57. Auf die Anwendung der beiden Tests soll hier ganz verzichtet werden. Was aber, auch bei verletzten Voraussetzungen, in jedem Fall getan werden kann (und soll), ist eine inhaltliche Interpretation der Statistiken $\tilde{\chi}^2$ und $\tilde{F}$ im Sinne der beschreibenden Statistik und die Berechnung ihrer Werte aus dem vorliegenden Datenmaterial. So liegt die Bedeutung der multivariaten Analyse immer noch darin, daß nach standardisierten Verfahren eine Verdichtung experimenteller Daten vorgenommen wird.

Die Berechnung der Werte der Statistiken $\tilde{\chi}^2$ und $\tilde{F}$ nach (5.2.4) und (5.2.5) für die hier betrachteten Kovarianzschätzfunktionen C8, C6 und C1 und die Korrelationsschätzfunktionen R4, R6 und R1 liefert die in der folgenden Tabelle 5.3 wiedergegebenen Resultate.

| | J | p | $n_1$ | $n_2$ | $n_3$ | n | $\tilde{F}$ | $\tilde{\chi}^2$ |
|---|---|---|---|---|---|---|---|---|
| Korrelationen | 3 | 6 | 37 | 77 | 173 | 287 | 80.14 | 978.91 |
| Kovarianzen | 3 | 6 | 67 | 91 | 230 | 388 | 21.93 | 260.60 |

Tab. 5.3: Wert der Statistiken $\tilde{F}$ und $\tilde{\chi}^2$

Zur Interpretation dieser Ergebnisse ist folgendes zu sagen: Je größer die Werte von $\tilde{\chi}^2$ bzw. $\tilde{F}$ sind, desto kleiner kann $\alpha$ gewählt werden, um dennoch zur Ablehnung von $H_o$ zu kommen. Da die Trennung der $J = 3$ Klassen durch die $p = 6$ Merkmale umso besser ist, je größer der Wert von $\tilde{\chi}^2$ bzw. $\tilde{F}$ ist, folgt aus der Tabelle 5.3 eine bessere Trennung bei den Korrelationen. Dieses Ergebnis ist durchaus einleuchtend, wenn man die Abbildungen 5.1 und 5.2 [auf S. 92-93] miteinander vergleicht. Die 3 Mengen der verschiedenen Punkte, die jeweils einer optimalen Schätzfunktion entsprechen, sind bei den Korrelationen deutlich besser voneinander getrennt als bei den Kovarianzen.

Die Konstruktion der Statistiken $\tilde{\chi}^2$ und $\tilde{F}$ [cf. (5.2.4) und (5.2.5)] ist folgendermaßen interpretierbar: In der Größe $(\mathbf{y}_{j.}-\mathbf{y}_{..})'(\mathbf{y}_{j.}-\mathbf{y}_{..})$ mit $j=1,\ldots,J$ kommt die Variation zwischen den Stichproben zum Ausdruck, während $\mathbf{S}$ die Variation innerhalb der Stichproben enthält. Die Statistiken $\tilde{\chi}^2$ und $\tilde{F}$ messen also die Variation zwischen den Stichproben bezogen auf die Variation innerhalb der Stichproben. Die großen Werte, die beide Statistiken hier annehmen, läßt durchaus den Schluß zu, daß zwischen den Stichproben erhebliche Unterschiede bestehen. Daraus folgt, daß die Merkmalswertvektoren $\mathbf{y}_{jk}$ aus Grundgesamtheiten mit unterschiedlichen Mittelwertvektoren $\mu_j$ stammen.

Die 2. Frage von Seite 57, ob sich Unterschiede zwischen den Ergebnissen der Schätzfunktionen anhand der Merkmalswertvektoren feststellen lassen, kann nach diesen Überlegungen dahingehend beantwortet werden, daß die Merkmalswertvektoren der $J = 3$ Klassen aus Grundgesamtheiten mit unterschiedlichen Mittelwertvektoren stammen, und damit auch Unterschiede zwischen den Ergebnissen der je 3 Schätzfunktionen bestehen.

## Nichtparametrische multivariate Verfahren

Im Zusammenhang mit der Beantwortung der 2. Frage [cf. S. 57] mit Hilfe der (parametrischen) multivariaten Analyse ist vom Verfasser ebenfalls geprüft worden, ob sich die restriktiven Voraussetzungen (5.2.2) der multivariaten Analyse nicht durch die Anwendung nichtparametrischer Verfahren umgehen lassen, um so zu einer Prüfung der Hypothese (5.2.1) der Gleichheit der Verteilungen zu gelangen, d.h.

$$H_o \quad : \quad F_1 = F_2 = \ldots = F_J$$

gegen Alternativen der Form $F_j(\mathbf{y}) = F(\mathbf{y}-\mathbf{d}_j)$ zu testen, wobei die Vektoren $\mathbf{d}_j$ mit $j=1,\ldots,J$ nicht alle gleich sind.

Da im vorliegenden Fall $J = 3$ ist, handelt es sich um ein nichtparametrisches multivariates Mehrstichproben-Problem, zu dessen Lösung Bhapkar [(1961), S. 1108 ff. und (1966), S. 29 ff.] Tamura [(1966), S. 611 ff.] sowie Puri & Sen [(1971), S. 181 ff.] eine Reihe von Tests angegeben haben. Bei diesen Tests handelt es sich in allen Fällen um Permutationstests, die teils auf geeignet gewählten Rangstatistiken [Puri & Sen (1971), S. 181 ff.; Bhapkar (1966), S. 29 ff.], teils auf U-Statistiken [Puri & Sen

(1971), S. 206 ff. ; Bhapkar (1966), S. 29 ff.] beruhen. Die Einführung von U-Statistiken geht zurück auf Hoeffding [(1948), S. 296]. Die Klassen der multivariaten Rangtests und der U-Tests überschneiden sich, weil es Rangstatistiken gibt, die Funktionen von U-Statistiken sind [e.g. ist die Wilcoxon-Rangsummen-Statistik Funktion einer U-Statistik; cf. Lehmann (1975), S. 365].

Die nichtparametrischen Tests für $H_o$ erfordern wesentlich schwächere Voraussetzungen als im parametrischen Fall [cf. die Beziehung (5.2.2)]. Vorausgesetzt werden lediglich

(i) die Merkmalswertvektoren sind stochastisch unabhängig voneinander

(ii) die Verteilungsfunktionen $F_j$ sind für alle $j=1,...,J$ stetig.

Die Voraussetzung (i) entspricht der Voraussetzung (iii) in (5.2.2). Nach Voraussetzung (ii) ist die Wahrscheinlichkeit für das Auftreten von Bindungen null. Aufgrund der Ungenauigkeit von Messungen können in der Praxis jedoch Bindungen auftreten. In einem solchen Fall ermittelt man die Rangzahl durch Mittelbildung (midranks), Randomisierung oder durchschnittliche scores [Hajek (1969), S. 127 ff.].

Selbst wenn man die nicht (oder nicht exakt) erfüllten Voraussetzungen (i) und (ii) beim hier vorliegenden Datenmaterial für keinen wesentlichen Hinderungsgrund hielte, einen nichtparametrischen Test durchzuführen, so würde die Anwendung eines solchen Tests an den enorm hohen Rechenzeiten scheitern. Das liegt daran, daß es sich um Permutationstests handelt, die auf die hier vorhandenen Stichprobenumfänge [cf. Tabelle 5.3 auf S. 102] nicht mehr anwendbar sind. Ein einfaches Beispiel mag das erläutern.

Bhapkar [(1966), S. 30] gibt 4 verschiedene Teststatistiken für $H_o$ an, die Ranganaloga zur Statistik $\tilde{\chi}^2$ in (5.2.4) darstellen.

Dementsprechend sind sie dann auch asymptotisch $\chi^2$-verteilt mit p(J-1) Freiheitsgraden. Zur Bestimmung der Werte der Teststatistiken ist, vereinfacht dargestellt, für alle möglichen m und n der J = 3 Stichproben

$$\phi(y_m, y_n) = \begin{cases} 1 & \text{für } y_m < y_n \\ 0 & \text{sonst} \end{cases}$$

zu berechnen. Angewendet auf die erste der 4 Teststatistiken [Beziehung (2.1) in Bhapkar (1966), S. 30] und die hier zu untersuchenden Kovarianzen mit $n_1 = 67$, $n_2 = 91$ und $n_3 = 230$ sind $0.89685 \cdot 10^{14}$ Abfragen der Art $y_m < y_n$ erforderlich. Eine der gegenwärtig schnellsten Rechenanlagen auf dem Markt [die CDC Cyber 175], die 400-500 Nanosekunden für eine dieser Abfragen benötigt, würde für alle erforderlichen Abfragen immerhin noch 1.14 Jahre (!) benötigen.

Die ersten beiden Fragen von Seite 57 sind zufriedenstellend beantwortet. Als Ergebnis ist bisher festzuhalten, daß sich Schätzfunktionen angeben lassen, die den konventionellen Schätzfunktionen in bestimmten Situationen überlegen sind.

Nachdem die Existenz solcher Schätzfunktionen gesichert ist, wird mit der 3. und 4. Frage untersucht, welche der Schätzfunktionen bei Vorliegen einer konkreten Zeitreihe $x_t$ das beste Schätzergebnis liefern wird. Zunächst zur Beantwortung der 4. Frage.

## 5.3 Merkmalsreduktion

Dieser Abschnitt dient der Klärung der 4. Frage von Seite 57, welche der 6 Merkmale [cf. Tabelle 4.1 auf S. 71] erforderlich sind, um die je 3 ausgewählten Schätzfunktionen anhand der Merkmalswerte so in je 3 Regionen zu trennen, daß in jeweils einer Region immer eine Schätzfunktion zum Schätzen optimal ist. Die Grundlage für diese Untersuchung ist ein multivariates Trennmaß.

## Multivariates Trennmaß und Affinitätskoeffizient

Das multivariate Trennmaß [cf. Ahrens & Läuter (1974), S. 108 ff.] wird hier eingeführt, um das Trennvermögen bzw. den diagnostischen Wert von Merkmalen und Merkmalsmengen numerisch erfassen zu können.

Im Prinzip ist das zwar auch mit den Statistiken $\tilde{\chi}^2$ und $\tilde{F}$ aus den Beziehungen (5.2.4) und (5.2.5) möglich. Nachteilig an diesen Statistiken ist aber, daß ihre Werte mit wachsendem Stichprobenumfang n gewöhnlich immer größer werden und, daß $\tilde{F}$ für unterschiedliche Anzahlen p von Merkmalen keine leicht miteinander vergleichbaren Werte liefert. Das hier verwendete multivariate Trennmaß ist frei von diesen Mängeln. Es ist definiert als

$$(5.3.1) \qquad T^2(y_1,y_2,\ldots,y_p) = \frac{1}{n-J}\sum_{j=1}^{J} n_j(\mathbf{y}_{j.}-\mathbf{y}_{..})'\,\mathbf{S}^{-1}(\mathbf{y}_{j.}-\mathbf{y}_{..}) \;.$$

Die Größe $T^2$ dient als Maß dafür, inwieweit die p-dimensionalen Merkmalswertvektoren die Klasseneinteilung der Elemente widerspiegeln.

Es gilt stets $T^2 \geq 0$ . Der Fall $T^2 = 0$ bedeutet, daß die p Merkmale für die Unterscheidung der J Klassen völlig ungeeignet sind. Je größer der Wert von $T^2$ ist, desto besser ist die Trennung der J Klassen durch die p Merkmale.

Die Berechnung dieses Maßes (5.3.1) für die hier zu untersuchenden Korrelations- und Kovarianzschätzfunktionen liefert die folgenden Werte.

| | $T^2(y_1,...y_6)$ |
|---|---|
| Korrelationen | 3.4469 |
| Kovarianzen | .69247 |

Tab. 5.4: Multivariates Trennmaß $T^2$

Da die Trennung der drei Klassen durch die 6 Merkmale umso besser ist, je größer der Wert von $T^2$ ist, folgt aus der Tabelle 5.4 eine bessere Trennung bei den Korrelationen. Dieses Ergebnis ist bereits auf Seite 102 interpretiert worden.

Für das multivariate Trennmaß $T^2$ gilt ein Monotoniegesetz [cf. Ahrens & Läuter (1974), S. 111]. Sind zwei Merkmalsräume ineinander enthalten, so hat der umfassende Raum kein niedrigeres Trennmaß; d.h. vergrößert man die Merkmalsmenge, so wird die multivariate Trennung besser (oder zumindest nicht schlechter) im Sinne des Trennmaßes $T^2$. Es gilt also z.B.

$$T^2(y_1) \leq T^2(y_1,y_2) \leq \ldots \leq T^2(y_1,y_2,\ldots,y_p) \quad .$$

Beispiele für die Gültigkeit dieser Beziehung sind in den Tabellen 5.7 und 5.8 (jeweils in der letzten Spalte) gegeben.

Für das Verständnis der mehrdimensionalen Analyse ist es wertvoll, die möglichen Beziehungen [cf. Ahrens & Läuter (1974), S. 112-113] zwischen zwei Merkmalsmengen $M_1$ und $M_2$ näher zu untersuchen. $M_1$ und $M_2$ seien dabei nichtleere Teilmengen der Menge $\{y_1,y_2,\ldots,y_p\}$. Das multivariate Trennmaß $T^2$ läßt sich für $M_1$, $M_2$ aber auch für $M_1 \cup M_2$ nach (5.3.1) berechnen.

Die Art der Beziehung zwischen $M_1$ und $M_2$ kann durch den Affinitätskoeffizienten a mit

$$(5.3.2) \qquad a = \frac{2 \cdot T^2(M_1 \cup M_2)}{T^2(M_1) + T^2(M_2)} - 1 \qquad 0 \leq a < \infty$$

ausgedrückt werden. Es bedeuten

$a = 0$, daß $M_1$ und $M_2$ völlig durcheinander ersetzbar sind (Redundanz)

$a = 1$, daß $M_1$ und $M_2$ unabhängig voneinander zur Trennung der Klassen beitragen und

$a > 1$, daß die Kombination von $M_1$ und $M_2$ gegenüber den Einzelmengen einen umso größeren diagnostischen Wert besitzt, je größer a ist.

Für die Korrelationsschätzfunktionen aus der Abbildung 5.2 von Seite 93 z.B. sind die Affinitätskoeffizienten je zweier einzelner Merkmale in der Tabelle 5.5 wiedergegeben.

| | T | KS | m | v | μ | d |
|---|---|---|---|---|---|---|
| T | 0 | 2.01 | 1.01 | 1.04 | 1.13 | .82 |
| KS | | 0 | 1.25 | 1.11 | 1.05 | 1.00 |
| m | | | 0 | .94 | 1.04 | 1.01 |
| v | | | | 0 | 1.24 | .98 |
| μ | | | | | 0 | 1.00 |
| d | | | | | | 0 |

Tab. 5.5: Affinitätskoeffizienten für je 2 einzelne Merkmale

Am auffallendsten ist der hohe Wert $a_{T,KS} = 2.01$. Der Kombination dieser beiden Merkmale kommt also der größte diagnostische Wert für die Trennung zu. Aufgrund der theoretischen Überlegungen in den Abschnitten 3.2 und 3.3 ist dieses Ergebnis

verständlich. Darüber hinaus wird es bei der anschließend zu behandelnden Aussonderung entbehrlicher Merkmale noch deutlicher.
Der niedrigste Wert ist $a_{T,d} = .82$ . Deshalb ist zu vermuten, daß d durch T ersetzbar ist. Genaueres wird die Aussonderung entbehrlicher Merkmale ergeben.
Alle anderen Affinitätskoeffizienten liegen mehr oder weniger dicht bei eins, d.h. die Merkmale tragen unabhängig voneinander zur Trennung bei.

Genau an dieser Stelle wird dann auch die beschränkte Aussagefähigkeit des Affinitätskoeffizienten a deutlich: $a = 1$ bedeutet, daß zwei Merkmale (oder Merkmalsmengen) unabhängig voneinander zur Trennung beitragen; ungeklärt bleibt dabei aber, wie hoch dieser Beitrag ist oder, mit anderen Worten, ob dieser Beitrag signifikant von null verschieden ist und damit die Merkmale zur Trennung überhaupt benötigt werden. Diese Klärung ist nur mit Hilfe der Aussonderung entbehrlicher Merkmale zu erzielen.

## Aussonderung entbehrlicher Merkmale

Bei der Aussonderung entbehrlicher Merkmale [Ahrens & Läuter (1974), S. 138-141] versucht man, mit möglichst wenigen Merkmalen ein möglichst hohes Trennmaß $T^2$ zu erzielen. Dazu wird schrittweise immer das Merkmal entfernt, das durch sein Ausscheiden den geringsten Abfall des Trennmaßes zur Folge hat. Geht man von p Merkmalen aus, so wird das Merkmal mit der kleinsten Unentbehrlichkeit $U_i$

(5.3.3) $$U_i = T^2(y_1,\ldots,y_p) - T^2(y_1,\ldots,y_{i-1},y_{i+1},\ldots,y_p)$$

ausgesondert. Im nächsten Schritt hat man nur noch $p-1$ Merkmale, für welche die Unentbehrlichkeiten erneut zu berechnen sind.- Ausgehend von den 6 Merkmalen zur Trennung der Korrelations- und Kovarianzschätzfunktionen ergeben sich im ersten Schritt die folgenden Unentbehrlichkeiten.

| | T<br>$U_1$ | KS<br>$U_2$ | m<br>$U_3$ | v<br>$U_4$ | μ<br>$U_5$ | d<br>$U_6$ |
|---|---|---|---|---|---|---|
| Korrelationen | .99 | 3.30 | .02 | .27 | .29 | .07 |
| Kovarianzen | .34 | .37 | .006 | .010 | .009 | .04 |

Tab. 5.6: Unentbehrlichkeiten $U_i$ der Merkmale zur Trennung der Schätzfunktionen

In beiden Fällen ist $U_3$ die kleinste Unentbehrlichkeit, d.h. das Merkmal m wird zuerst ausgesondert. Die Anzahl m der lags, für die eine Korrelations- oder Kovarianzfunktion geschätzt wird, hat also bei den hier betrachteten Schätzfunktionen keinen bedeutsamen Einfluß auf die Qualität der Schätzung.

Die Frage, wann der Reduktionsprozeß abzubrechen ist, d.h. wann ein geeigneter Kompromiß zwischen der Höhe des Trennmaßes und der Anzahl der Merkmale gefunden ist, kann nicht eindeutig beantwortet werden. Zunächst kann der Abbruch bei konkreten Anwendungen von sachlichen Gesichtspunkten diktiert sein. Daneben gibt es eine Reihe von statistischen und heuristischen Verfahren [cf. Ahrens & Läuter (1974), S. 139], die teilweise zu unterschiedlichen Ergebnissen kommen. In der praktischen Anwendung, wie hier, wird man einen Mittelweg wählen müssen.

Anhand der Tabellen 5.7 und 5.8 kann der gesamte Merkmalsreduktionsprozeß verfolgt werden. Der Reduktionsprozeß beginnt mit allen 6 Merkmalen und endet, wenn nur noch ein Merkmal übrig ist (Spalte 1). In der Spalte 3 ist das bei jedem Schritt auszusondernde Merkmal angegeben. Die Spalte 4 enthält die nach (5.3.3) berechnete Unentbehrlichkeit $U_i$ des auszusondernden Merkmals; sie ist die jeweils kleinste unter den Unentbehr-

| p | verbleibende Merkmale | auszusondern-des Merkmal i | $U_i$ des aus-zusondern-den Merkmals | $T^2$ der ver-bleibenden Merkmale |
|---|---|---|---|---|
| 6 | 1 2 3 4 5 6 | 3 (m) | .0186 | 3.4469 |
| 5 | 1 2 4 5 6 | 6 (d) | .0762 | 3.4283 |
| 4 | 1 2 4 5 | 4 (v) | .2713 | 3.3521 |
| 3 | 1 2 5 | 5 (μ) | .1796 | 3.0808 |
| 2 | 1 2 | 1 (T) | 1.0152 | 2.9012 |
| 1 | 2 | 2 (KS) | 1.8860 | 1.8860 |

Tab. 5.7: Merkmalsreduktionsprozeß zur Trennung der Korrelationsschätzfunktionen

| p | verbleibende Merkmale | auszusondern-des Merkmal i | $U_i$ des aus-zusondern-den Merkmals | $T^2$ der ver-bleibenden Merkmale |
|---|---|---|---|---|
| 6 | 1 2 3 4 5 6 | 3 (m) | .00634 | .69247 |
| 5 | 1 2 4 5 6 | 5 (μ) | .00878 | .68613 |
| 4 | 1 2 4 6 | 4 (v) | .01140 | .67735 |
| 3 | 1 2 6 | 6 (d) | .03483 | .66595 |
| 2 | 1 2 | 2 (KS) | .36634 | .63112 |
| 1 | 1 | 1 (T) | .26478 | .26478 |

Tab. 5.8: Merkmalsreduktionsprozeß zur Trennung der Kovarianzschätzfunktionen

lichkeiten der verbleibenden Merkmale (Spalte 2). Spalte 5 gibt das nach (5.3.1) berechnete Trennmaß $T^2$ der jeweils vorhandenen Merkmale (Spalte 2) an.

Die Tabellen 5.7 und 5.8 zeigen deutlich, daß der Merkmalsreduktionsprozeß abgebrochen werden sollte, wenn nur noch die Merkmale T und KS zur Trennung verwendet werden [jeweils vorletzte Zeile der Tabellen]. Damit ist ein geeigneter Kompromiß zwischen der Höhe des Trennmaßes und der Anzahl der verwendeten Merkmale gefunden. Denn die Merkmale T,KS besitzen mit Abstand die höchsten Unentbehrlichkeiten, und das Abnehmen der Trennmaße von 3.4469 auf 2.9012 bzw. von .69247 auf .63112 scheint noch vertretbar. [Die Anwendung des von Ahrens & Läuter (1974), S. 139, Beziehung (7.84), angegebenen Tests, der allerdings die Voraussetzungen (5.2.2) fordert, liefert ein ganz ähnliches Resultat].

Daß die Merkmalskombination (T,KS) als besttrennende Kombination übrigbleiben würde, war nach den theoretischen Überlegungen in den Abschnitten 3.2 und 3.3 und nach der Untersuchung der Affinitätskoeffizienten zu vermuten. Erwähnt sei außerdem noch, daß die Aussonderung des Verteilungsmerkmals d in diesem Beispiel zeigt, daß der Beitrag der vierten gemeinsamen Semiinvarianten $\kappa_4$ zur Varianz von Kovarianzschätzungen tatsächlich vernachlässigbar klein ist [cf. S. 41 oben].

Das in der 4. Frage von Seite 57 angesprochene Diskriminanzproblem, d.h. die Auswahl der geeignetsten Schätzfunktion für eine Zeitreihe $x_t$, ist nach dem Ergebnis der Merkmalsreduktion entscheidend vereinfacht aber nicht vollkommen gelöst. Anstelle der ursprünglichen Merkmale (T,KS,v,$\mu$,d) muß man jetzt nur noch (T,KS) an der Reihe $x_t$ messen. An der Problematik, KS aus der Zeitreihe schätzen zu müssen, wenn ihr erzeugender Prozeß nicht bekannt ist, führt allerdings kein Weg vorbei.

## 5.4 Diskriminanzfunktion

In diesem Abschnitt soll jetzt die noch verbliebene 3. Frage von Seite 57, d.h. die Trennung der Schätzfunktionen anhand der in den Abbildungen 5.1 und 5.2 [cf. S. 92-93] dargestellten Meßwertvektoren in drei Regionen $R_i$ geklärt werden. Aufgrund der Ergebnisse der Merkmalsreduktion sind zur praktischen Durchführung dieser Trennung nur die Werte der Merkmale T,KS nötig.

Das einzige statistische Instrumentarium, das sich zur Klärung der 3. Frage anbietet, ist die multivariate Diskriminanzanalyse, die hier trotz einer Reihe restriktiver Voraussetzungen [cf. die Diskussion der Beziehung (5.2.2)] angewendet werden soll. Die so gewonnenen Ergebnisse sollten dann allerdings auch nicht überschätzt sondern nur als Plausibilitätsbetrachtungen gewertet werden. Es wird sich jedoch im Abschnitt 5.5 zeigen, daß das hier gewählte Vorgehen tatsächlich zu plausiblen Resultaten führt.

Das Ziel der Diskriminanzanalyse ist die Trennung mehrerer Gesamtheiten (oder Klassen) von vorhandenen Elementen und die Zuordnung dieser (oder neuer) Elemente zu einer der Gesamtheiten. Die Trennung erfolgt durch Erfassen einer Anzahl von Merkmalen an jedem Element der Gesamtheiten und durch Aufstellen einer Funktion (=Diskriminanzfunktion), die über die Zuordnung der Elemente entscheidet.

Für die numerischen Berechnungen dieses Abschnitts sind die FORTRAN-Programme aus dem Scientific Subroutine Package (SSP) der Firma IBM verwendet worden. Diese Programme sind nach Andersons [(1964)] Darstellung der Diskriminanzanalyse geschrieben.

Die Angabe und Interpretation der Diskriminanzfunktionen folgt hier der von Anderson [(1964), S. 126 ff.] gegebenen Darstellung und geht nicht über die Möglichkeiten hinaus, die das verwendete SSP-Programm bietet.
Vorausgesetzt wird, wie in (5.2.2) auf Seite 99 angegeben, die Normalverteilung $N(\mu_j,\Sigma)$ der p-dimensionalen Meßwertvektoren $\mathbf{y}$ der j-ten Klasse. Vorausgesetzt wird jetzt zusätzlich die Gleichheit aller Kosten der Fehlklassifikation. Darunter versteht man [Anderson (1964), S. 127-129] die bewertbaren Konsequenzen, die sich ergeben, wenn man von einem Merkmalswertvektor aus der Klasse j annimmt, er stamme bei $i \neq j$ aus der Grundgesamtheit $N(\mu_i,\Sigma)$ anstatt aus $N(\mu_j,\Sigma)$.

Unter diesen Voraussetzungen wird die Funktion

$$(5.4.1) \qquad u_{ij}(\mathbf{y}) := \log \frac{f_i(\mathbf{y})}{f_j(\mathbf{y})} = (\mathbf{y} - \tfrac{1}{2}(\mu_i + \mu_j))' \Sigma^{-1} (\mu_i - \mu_j)$$

als Diskriminanzfunktion verwendet [Anderson (1964), S. 134 und S. 147]. $f_i(\mathbf{y})$ bezeichnet dabei die Dichtefunktion des aus $N(\mu_i,\Sigma)$ stammenden Vektors $\mathbf{y}$.

Zur Festlegung der Regionen $R_i$ wird weiterhin die Kenntnis der a priori-Wahrscheinlichkeiten $p_i$ angenommen. $p_i$ bezeichnet die Größe der Wahrscheinlichkeit dafür, daß ein konkreter Meßwertvektor der Grundgesamtheit $N(\mu_i,\Sigma)$ entstammt.

Mit Kenntnis aller a priori-Wahrscheinlichkeiten $p_i$ ist die Region $R_i$ definiert durch alle Meßwertvektoren $\mathbf{y}$, für die

$$(5.4.2) \qquad R_i := \{ \mathbf{y} \mid u_{ij}(\mathbf{y}) \geqq \log \frac{p_j}{p_i} \} \quad j=1,..,J \quad j \neq i$$

erfüllt ist [Anderson (1964), S. 147].

Die unbekannten Mittelwertvektoren $\mu_i$ und die unbekannte Kovarianzmatrix $\Sigma$ in (5.4.1) werden nach (5.1.2) und (5.1.5) geschätzt. Damit wird (5.4.1) zu

$$v_{ij}(\mathbf{y}) := (\mathbf{y} - \tfrac{1}{2}(\mathbf{y}_{i.}+\mathbf{y}_{j.}))' \mathbf{S}^{-1} (\mathbf{y}_{i.}-\mathbf{y}_{j.}).$$

Ausmultiplizieren und Trennen der Größen mit den Indices i• und j• liefert

$$(5.4.3) \quad v_{ij}(\mathbf{y}) = (\mathbf{y}'_{i.}\mathbf{S}^{-1}\mathbf{y} - \tfrac{1}{2}\mathbf{y}'_{i.}\mathbf{S}^{-1}\mathbf{y}_{i.}) - (\mathbf{y}'_{j.}\mathbf{S}^{-1}\mathbf{y} - \tfrac{1}{2}\mathbf{y}'_{j.}\mathbf{S}^{-1}\mathbf{y}_{j.}).$$

Bezeichnet man $v_i$ als

$$(5.4.4) \qquad v_i(\mathbf{y}) = \mathbf{y}'_{i.}\mathbf{S}^{-1}\mathbf{y} - \frac{1}{2}\ \mathbf{y}'_{i.}\mathbf{S}^{-1}\mathbf{y}_{i.} \quad ,$$

so wird (5.4.3) zu

$$v_{ij}(\mathbf{y}) = v_i(\mathbf{y}) - v_j(\mathbf{y}) \quad . \tag{5.4.5}$$

Das hier verwendete SSP-Programm berechnet lediglich die Funktionen (5.4.4). Zur Festlegung der Regionen $R_i$ wird angenommen, daß alle a priori-Wahrscheinlichkeiten gleich groß sind. Damit ergibt sich aus (5.4.2), wenn man noch $u_{ij}$ durch $v_{ij}$ ersetzt,

$$R_i := \{ \mathbf{y} \mid v_{ij}(\mathbf{y}) \geq 0 \} \quad j=1,\ldots,J \quad j\neq i \quad . \tag{5.4.6}$$

Unter Verwendung von (5.4.5) folgt daraus

$$R_i := \{ \mathbf{y} \mid v_i(\mathbf{y}) \geq v_j(\mathbf{y})\} \quad j=1,\ldots,J \quad j\neq i \quad . \tag{5.4.7}$$

Die Beziehung (5.4.7) sagt aus, daß ein Meßwertvektor $\mathbf{y}$ immer derjenigen Region $R_i$ zugeordnet wird, für welche die nach (5.4.4) berechnete Größe $v_i(\mathbf{y})$ den größten Wert ergibt.

Für die in der Abbildung 5.1 [auf S. 92] dargestellten Daten der drei Kovarianzschätzfunktionen C8, C6 und C1 berechnet man nach (5.4.4) die folgenden drei Funktionen

$$v_1(\mathbf{y}) = .015\ y_1 + 1.879\ y_2 - 3.604$$

$$v_2(\mathbf{y}) = .034\ y_1 + 1.220\ y_2 - 2.740$$

$$v_3(\mathbf{y}) = .058\ y_1 + .641\ y_2 - 3.425 \quad .$$

Dabei entspricht $y_1$ der Reihenlänge T und $y_2$ der Korrelationssumme KS. Nur diese beiden Merkmale waren nach der Merkmalsreduktion zur Trennung übriggeblieben. Für die Festlegung der Regionen $R_1$, $R_2$ und $R_3$ sind nur die beiden nach (5.4.5) berechneten Diskriminanzfunktionen erforderlich

$$v_{12}(\mathbf{y}) = -0.020\ y_1 + 0.660\ y_2 - 0.864$$

$$v_{23}(\mathbf{y}) = -0.024\ y_1 + 0.579\ y_2 + 0.686 \quad .$$

Diese beiden Funktionen sind unter Beachtung von (5.4.6) in die Abbildung 5.1 auf Seite 92 eingezeichnet.

Die dazu korrespondierenden Funktionen für die drei Korrelationsschätzfunktionen R6, R4 und R1 aus der Abbildung 5.2 [S. 93] sind

$$v_1(\mathbf{y}) = -0.022\ y_1 + 7.060\ y_2 - 13.912$$
$$v_2(\mathbf{y}) = \phantom{-}0.000\ y_1 + 4.415\ y_2 - \phantom{1}6.348$$
$$v_3(\mathbf{y}) = \phantom{-}0.046\ y_1 + 0.607\ y_2 - \phantom{1}2.568$$

und die beiden unter Berücksichtigung von (5.4.6) in die Abbildung 5.2 auf Seite 93 eingezeichneten Diskriminanzfunktionen

$$v_{12}(\mathbf{y}) = -0.022\ y_1 + 2.645\ y_2 - 7.564$$
$$v_{23}(\mathbf{y}) = -0.046\ y_1 + 3.808\ y_2 - 3.780 \quad .$$

## 5.5 Anwendungsbeispiele

Die vorangegangenen Abschnitte dieses 5. Kapitels dienten der Absicherung der Erkenntnis, daß sich Schätzfunktionen angeben lassen, welche, bei kleinen Reihenlängen oder überwiegend positiver Autokorrelation, den konventionellen Schätzfunktionen C1 und R1 beim Schätzen von Momentfunktionen schwach stationärer stochastischer Prozesse überlegen sind.

In diesem Abschnitt sollen einige Schätzergebnisse mitgeteilt und sowohl mit den Ergebnissen konventioneller Schätzfunktionen als auch mit den theoretischen Momentfunktionen verglichen werden, damit sich so ein Eindruck von dem zu erzielenden Gewinn an Schätzgenauigkeit gewinnen läßt. Alle Ergebnisse sind graphisch dargestellt, weil diese Darstellungsform übersichtlicher ist als Tabellen mit Zahlenkolonnen.

Ausgewählt wurde je ein Ergebnis, das mit den Schätzfunktionen C6 und C8 sowie R4 und R6 erzielt wurde. Die Schätzergebnisse gelten im Mittel über N Zeitreihen der Länge T so, daß immer $N \cdot T \approx 2400$ erfüllt war. Die erzeugenden Prozesse entstammen den Beziehungen (4.3.3) bis (4.3.12). Die zu einer Reihenlänge T und einem Prozeß $X_t$ verwendete Kombination von $(v,\mu,d)$ ist der Tabelle 4.3 entnommen. Ob eine (und wenn ja, welche) der Schätzfunktionen zu der festgelegten Kombination von (T,KS) den besten Rangplatz erzielte, ergibt sich für C6 und C8 aus der Abbildung 5.1 und für R4 und R6 aus der Abbildung 5.2.

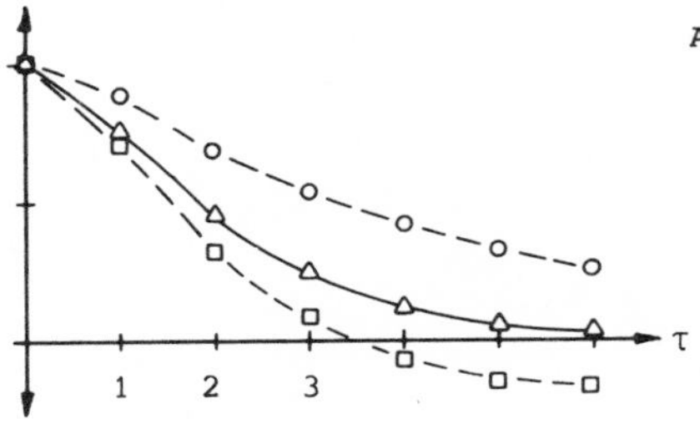


Abb. 5.3: Autokorrelationen für den Prozeß (5.3.1)

$\rho_\tau$ o — — o

R1 □ — — □

R4 △——△

Die Abbildung 5.3 gibt die Momentfunktionen des ARMA(1,1)-Prozesses

(5.5.1)
$$X_t = .78X_{t-1} + U_t + .9U_{t-1} - .55 \quad \text{mit}$$
$$U_t = .5\varepsilon_t \qquad \varepsilon_t \sim G(0,1) \qquad KS = 5 \qquad T = 20$$

wieder; und zwar die theoretische Autokorrelationsfunktion (o) und die mit R4 (△) und R1 (□) geschätzten Funktionen.

In der Abbildung 5.4 sind für den AR(1)-Prozeß

$$X_t = .75X_{t-1} + \varepsilon_t - .75 \quad \text{mit}$$

(5.5.2)

$$\varepsilon_t \sim N(0,1) \quad KS = 4 \quad T = 20$$

die theoretische Autokovarianzfunktion $\gamma_\tau$ (o) sowie die mittels C8 (△) und C1 (□) geschätzten Funktionen wiedergegeben.

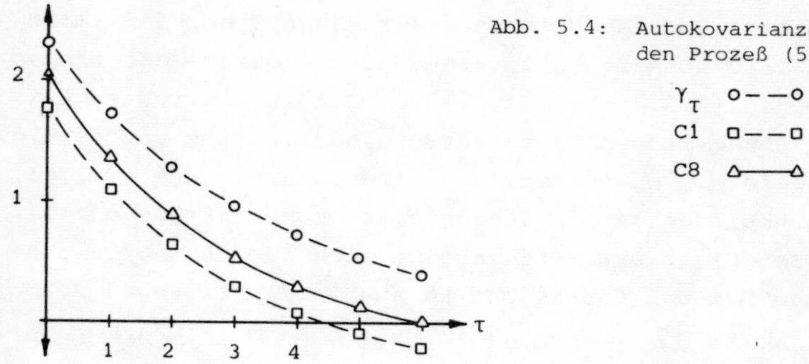


Abb. 5.4: Autokovarianzen für den Prozeß (5.3.2)

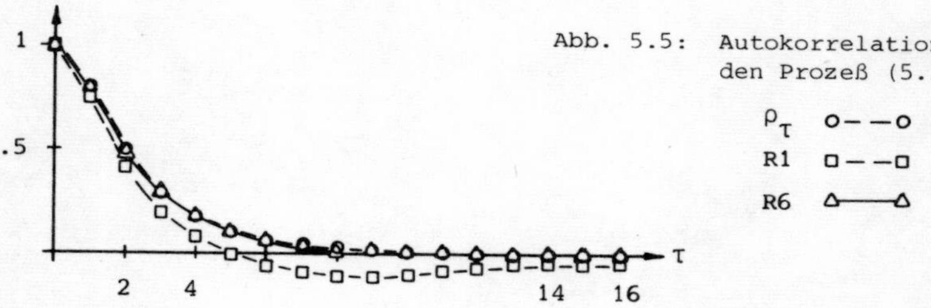


Abb. 5.5: Autokorrelationen für den Prozeß (5.3.3)

Die Abbildung 5.5 enthält für den ARMA(1,1)-Prozeß

$$X_t = .6X_{t-1} + U_t + .9U_{t-1} - .40 \quad \text{und}$$

(5.5.3)

$$U_t = .5\varepsilon_t \quad \varepsilon_t \sim N(0,1) \quad KS = 3 \quad T = 50$$

die Autokorrelationsfunktion $\rho_\tau$ (o), die mit R6 (△) und die aus R1 (□) geschätzten Korrelationsfunktionen.

In der Abbildung 5.6 sind für den AR(2)-Prozeß

$$X_t = 1.1X_{t-1} - .5X_{t-2} + \varepsilon_t - 2 \quad \text{mit}$$

(5.5.4)

$$\varepsilon_t \sim N(0,1) \quad KS = 1.58 \quad T = 30$$

die Autokovarianzfunktion $\gamma_\tau$ (o) sowie die mit Hilfe von C6 (△) und C1 (□) geschätzten Funktionen dargestellt.

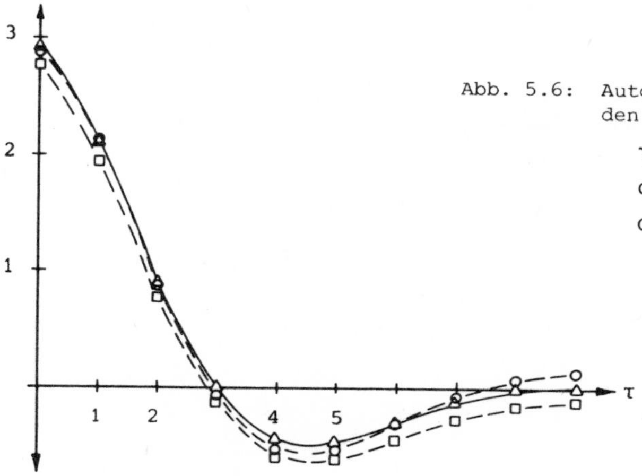


Abb. 5.6: Autokovarianzen für den Prozeß (5.3.4)

Die Abbildungen 5.3 bis 5.6 zeigen deutlich, daß sich mit den neuen Schätzfunktionen R4, C8, R6 und C6 ein zum Teil beträchtlicher Gewinn an Schätzgenauigkeit im Vergleich zu den konventionellen Schätzfunktionen C1 und R1 erzielen läßt.

# 6. Schätzung von Spektren aus kurzen Zeitreihen

6.1 Schätzfunktion
6.2 Lag windows $w_\tau$ und truncation point M
6.3 Erforderliche Länge der Zeitreihe
6.4 Anwendungsbeispiele

In diesem Kapitel werden noch einmal die Ausführungen aus dem Abschnitt 2.7 zur Beschreibung stationärer Prozesse im Frequenzbereich aufgegriffen. Das Schätzen der Spektraldichte (2.7.6) und der normierten Spektraldichte (2.7.7) [cf. S. 29-30] soll hier besonders unter dem Gesichtspunkt des Schätzens aus kurzen Zeitreihen [cf. Birkenfeld (1975)] behandelt werden. Das Schätzen des Spektrums auf direktem Weg, d.h. ohne den Umweg über die Autokovarianzfunktion, mit Hilfe der schnellen Fourier-Transformation wird hier nicht behandelt, weil diese Methode gegenüber der hier betrachteten nur bei sehr langen Zeitreihen Vorteile bietet [Edge & Liu (1970)].

Die theoretischen Überlegungen und Schätzergebnisse in diesem Kapitel knüpfen dabei an die Arbeiten von Granger & Hughes [(1968)] sowie König & Wolters [(1971)] an, die mit Hilfe von Simulationsexperimenten die Möglichkeiten von Spektralschätzungen aus 'kurzen' Zeitreihen untersucht haben.

Granger & Hughes [(1968)] haben Spektralschätzungen von reinen Zufallsprozessen (white noise) und autoregressiven Prozessen 1.

Ordnung [AR(1)] aus Zeitreihen der Längen T=30,50,100 durchgeführt. Ihre Aussagen gelten im Mittel über N = 200 und N = 800 erzeugte Reihen.

König & Wolters [(1971)] haben die oben genannten Prozesse, AR(2)-Prozesse und einen moving average Prozeß [MA(12)] vom Typ $X_t = U_t - U_{t-12}$ aus Zeitreihen der Längen T=50,100 untersucht. Ihre Aussagen gelten im Mittel über N = 100 erzeugte Reihen.

Für die hier bereits vorgestellten und noch vorzustellenden Schätzergebnisse gelten Aussagen ebenfalls im Mittel. Geschätzt wurde aus Reihen der Längen T=15,20,30,40,50,70. Dabei ist die Anzahl N der erzeugten Zeitreihen [cf. S. 64] in Abhängigkeit von der Reihenlänge T so gewählt, daß $N \cdot T \approx 2400$ gilt. Im Folgenden ist deshalb die Angabe von N nicht erforderlich.

## 6.1 Schätzfunktion

Im Abschnitt 2.7 [S. 27 ff.] ergab sich, daß die Spektraldichte $f(\omega)$ eines reellen, schwach stationären und in der Zeit t diskreten stochastischen Prozesses $X_t$ als

$$(6.1.1) \qquad f(\omega) = \frac{1}{2\pi} \{ \gamma_o + 2 \sum_{\tau=1}^{\infty} \gamma_\tau \cos \omega\tau \} \qquad -\pi \leq \omega \leq \pi$$

und die normierte Spektraldichte als

$$(6.1.2) \qquad \frac{f(\omega)}{\gamma_o} = \frac{1}{2\pi} \{ 1 + 2 \sum_{\tau=1}^{\infty} \rho_\tau \cos \omega\tau \} \qquad -\pi \leq \omega \leq \pi$$

dargestellt werden [cf. die Beziehungen (2.7.6) und (2.7.7)].

Die folgenden Erörterungen beziehen sich auf die Spektraldichte (6.1.1). Sie sind ohne weiteres auf die normierte Spektraldichte (6.1.2) übertragbar.

Wie die Beziehung (6.1.1) zeigt, ist das Schätzen der Spektraldichte, kurz als Spektrum bezeichnet, eng verknüpft mit dem Schätzen der Autokovarianzfunktion $\gamma_\tau$. Die Probleme, die dabei entstehen, sind Gegenstand der vorangegangenen Kapitel gewesen.

Die Darstellung (6.1.1) legt es nahe, das Spektrum für den Frequenzpunkt $\omega$ durch

$$\tilde{f}(\omega) = \frac{1}{2\pi} \{ c_o + 2 \sum_{\tau=1}^{T-1} c_\tau \cos\omega\tau \} \tag{6.1.3}$$

zu schätzen. Dabei sei zunächst angenommen, daß $c_\tau$ nach (3.2.7) oder (3.2.9) konventionell geschätzt werde.

Diese Schätzfunktion $\tilde{f}(\omega)$ für das Spektrum ist asymptotisch unverzerrt, ihre Varianz jedoch geht mit wachsendem Stichprobenumfang T nicht gegen null [Jenkins & Watts (1969), S. 232 ff.]. Die Schätzfunktion (6.1.3) ist damit inkonsistent, und es ist bedeutungslos, in welcher Länge T eine Zeitreihe zum Schätzen zur Verfügung steht: $\tilde{f}(\omega)$ konvergiert nicht gegen die wahre Funktion $f(\omega)$.

Die Lösung des Inkonsistenz-Problems besteht in einer Gewichtung der geschätzten Autokovarianzen. So gelangt man zu einer modifizierten Schätzfunktion

$$\hat{f}(\omega) = \frac{1}{2\pi} \{ c_o w_o + 2 \sum_{\tau=1}^{M} c_\tau w_\tau \cos\omega\tau \} \qquad -\pi \leq \omega \leq \pi \tag{6.1.4}$$

Die Gewichtungsfunktion $w_\tau$ wird als lag window oder Fenster und die Größe M als truncation point bezeichnet.

Das Programm für die hier durchgeführten Spektralanalysen hat

P. Naeve [cf. Birkenfeld & Naeve (1974), S. 12 ff. oder Naeve (1976)] geschrieben und freundlicherweise zur Verfügung gestellt. Es verwendet anstelle von (6.1.4) die Schätzfunktion

$$\hat{f}(\omega_j) = \frac{1}{\pi} \{ c_o w_o + 2 \sum_{\tau=1}^{M} c_\tau w_\tau \cos\omega_j \tau \}, 0 \le \omega_j \le \pi. \tag{6.1.5}$$

Der Übergang von der Normierung $1/2\pi$ zu $1/\pi$ bewirkt, daß die Verteilung der Prozeßvarianz nicht mehr im Intervall $[-\pi;\pi]$ sondern im Intervall $[0;\pi]$ angegeben wird. Diese Darstellung ist deshalb ausreichend, weil $f(\omega) = f(-\omega)$ gilt [cf. S. 28-29].

Analog zu (6.1.5) wird die normierte Spektraldichte aus

$$\frac{\hat{f}(\omega_j)}{c_o} = \frac{1}{\pi} \{ w_o + 2 \sum_{\tau=1}^{M} r_\tau w_\tau \cos\omega_j \tau \} \tag{6.1.6}$$

geschätzt. Zunächst sei ebenfalls angenommen, daß $r_\tau$ nach (3.2.8) oder (3.2.10) konventionell geschätzt wird.

Unkorrelierte Schätzungen $\hat{f}(\omega_j)$ [cf. Blackman & Tukey (1959), S. 18 ff.] erhält man, wenn

$$\omega_j = j\pi/M \qquad \text{mit} \qquad j = 0,1,\ldots,M$$

gewählt wird. Da diese Einteilung meist zu grob ist, wird hier Jenkins & Watts [(1969), S. 260 und S. 283] folgend

$$\omega_j = j\pi/Nstp \quad \text{mit} \qquad j = 0,1,\ldots,M,\ldots,Nstp$$

genommen.- Für die in diesem 6. Kapitel vorgestellten Schätzergebnisse ist Nstp teil 21 und teils 34 gewählt.

In den folgenden Abschnitten sollen, außer dem Schätzen von Kovarianzfunktionen, die Problembereiche angeschnitten werden, die sich beim Schätzen von Spektren mit der Schätzfunktion (6.1.5) ergeben; insbesondere unter dem Gesichtspunkt des Schätzens aus kurzen Zeitreihen. Die Behandlung der kritischen Punkte muß zwangsläufig in einer gewissen Reihenfolge stattfinden, zu einer 'guten' Spektralschätzung gelangt man jedoch nur bei gleichzeitiger Beachtung dieser Punkte.

## 6.2 Lag window $w_\tau$ und truncation point M

In der Literatur [e.g. Jenkins & Watts (1969), S. 239 ff.; Naeve (1969), S. 29 ff.] wird eine Anzahl verschiedener lag windows $w_\tau$ vorgeschlagen; die wichtigsten stammen von Bartlett, Tukey und Parzen. Alle diese Funktionen $w_\tau$ erfüllen die Bedingungen

$$\text{(i)} \qquad w_o = 1$$

$$\text{(ii)} \qquad w_\tau = w_{-\tau}$$

$$\text{(iii)} \qquad w_\tau = 0 \quad \text{für} \quad |\tau| > T \quad .$$

In der Praxis wird die Bedingung (iii) ersetzt durch

$$\text{(iv)} \qquad w_\tau = 0 \quad \text{für} \quad |\tau| \geqq M \quad \text{und} \quad M < T \quad ,$$

weil dann Autokovarianzen $c_\tau$ nur bis zum truncation point M berechnet werden müssen.

Die drei wichtigsten lag windows [B = Bartlett ; T = Tukey ; P = Parzen] haben die Form

$$(6.2.1) \qquad w_\tau^B = 1 - \tau/M \qquad\qquad 0 \leqq \tau \leqq M$$

(6.2.2) $$w_\tau^T = \frac{1}{2}(1 + \cos \pi\tau/M) \qquad 0 \leq \tau \leq M$$

(6.2.3) $$w_\tau^P = \begin{cases} 1 - (6\tau^2/M^2)(1 - \tau/M) & 0 \leq \tau \leq M/2 \\ 2(1 - \tau/M)^3 & M/2 < \tau \leq M \; . \end{cases}$$

Das in der Spektralanalyse mit Abstand am häufigsten verwendete Fenster ist das von Parzen. Es wurde auch von den Autoren [Granger & Hughes (1968) und König & Wolters (1971), S. 147] verwendet, die sich bisher mit Spektralschätzungen aus kurzen Zeitreihen beschäftigt haben. Daß diese Wahl bei kurzen Reihen nicht optimal ist, wird am Ende dieses Abschnitts 6.2 gezeigt.

Für die drei angegebenen lag windows läßt sich zeigen, daß $\hat{f}(\omega)$ eine konsistente Schätzfunktion für $f(\omega)$ ist. Ihre Varianz ist abhängig von dem Verhältnis M/T: Je kleiner M/T ist, desto kleiner ist die Varianz von $\hat{f}(\omega)$. Andererseits gilt: Je kleiner M gewählt wird, desto größer wird der Bias und umso weniger kann zwischen der Konzentration spektraler Massen in benachbarten Frequenzbändern unterschieden werden. Man spricht dann auch von einer schlechteren 'Auflösung' des Spektrums. Die Fähigkeit eines lag windows, diese Konzentration spektraler Massen in benachbarten Frequenzbändern auseinanderhalten zu können, wird durch die Bandbreite [Jenkins & Watts (1969), S. 256] angegeben: Mit wachsendem M sinkt die Bandbreite und liefert 'feinere' Schätzungen bei geringerem Bias. Schätzt man z.B. ein Spektrum mit zwei Spitzen, deren Abstand voneinander kleiner ist als die Bandbreite des verwendeten Fensters, erscheinen diese Spitzen nicht mehr getrennt. Aus diesem Sachverhalt [für eine ausführliche Diskussion siehe Jenkins & Watts (1969), S. 239 ff.] ergeben sich zwei wichtige Folgerungen:

(i) kleine Bandbreiten sind mit kleinem Bias verbunden

(ii) die Varianz ist umgekehrt proportional zur Bandbreite, es gilt: Bandbreite · Varianz = const.

Definiert man als statistisch sinnvolles Ziel eine Schätzfunktion mit geringem Bias und geringer Varianz, so liefert die Entscheidung für einen bestimmten truncation point M einen Zielkonflikt: Für großes M, das zu einer guten Auflösung des Spektrums führt, erhält man instabile Schätzungen, d.h. solche mit großer Varianz; und umgekehrt. Die für einen Kompromiß günstigste Wahl von M ist abhängig vom unbekannten (!) Typ des zu schätzenden Spektrums.

In zahlreichen Spektralanalysen wurden hier im allgemeinen gute Erfahrungen gemacht, wenn man das Verhältnis M/T unterhalb von o.3 hält. Im Vergleich dazu empfiehlt Naeve [(1969), S. 45] ein Verhältnis von o.1 - o.2 .

Die Auswirkungen verschiedener truncation points M sollen an einem ARMA(1,1)-Prozeß

$$X_t = .4X_{t-1} + U_t - .9U_{t-1} \qquad (6.2.4)$$

und einem Prozeß vom Typ AR(4)

$$X_t = .5X_{t-1} - .3X_{t-2} + .4X_{t-3} - .5X_{t-4} + U_t \qquad (6.2.5)$$

demonstriert werden. Die $U_t$ sind N(0,1)-verteilt. Nach (6.2.4) wurden N = 50 Zeitreihen mit je T = 50 und nach (6.2.5) N = 60 Reihen mit je T = 40 Werten erzeugt [cf. Simulation von stochastischen Prozessen S. 69 ff.], die Autokovarianzfunktionen mit Cl nach (3.2.7) geschätzt, diese über alle 50 bzw. 60 Reihen nach (4.2.2) gemittelt und schließlich die Spektren nach (6.1.5) berechnet.

Die Abbildung 6.1 gibt die Ergebnisse der Spektralschätzungen des Prozesses (6.2.4) wieder. Hier wird der Effekt eines zu großen truncation points M gezeigt: Mit wachsendem M erhält man zunehmend instabilere Schätzungen (gepunktete Kurve).

Die Abbildung 6.2 gibt die Ergebnisse für den Prozeß (6.2.5)

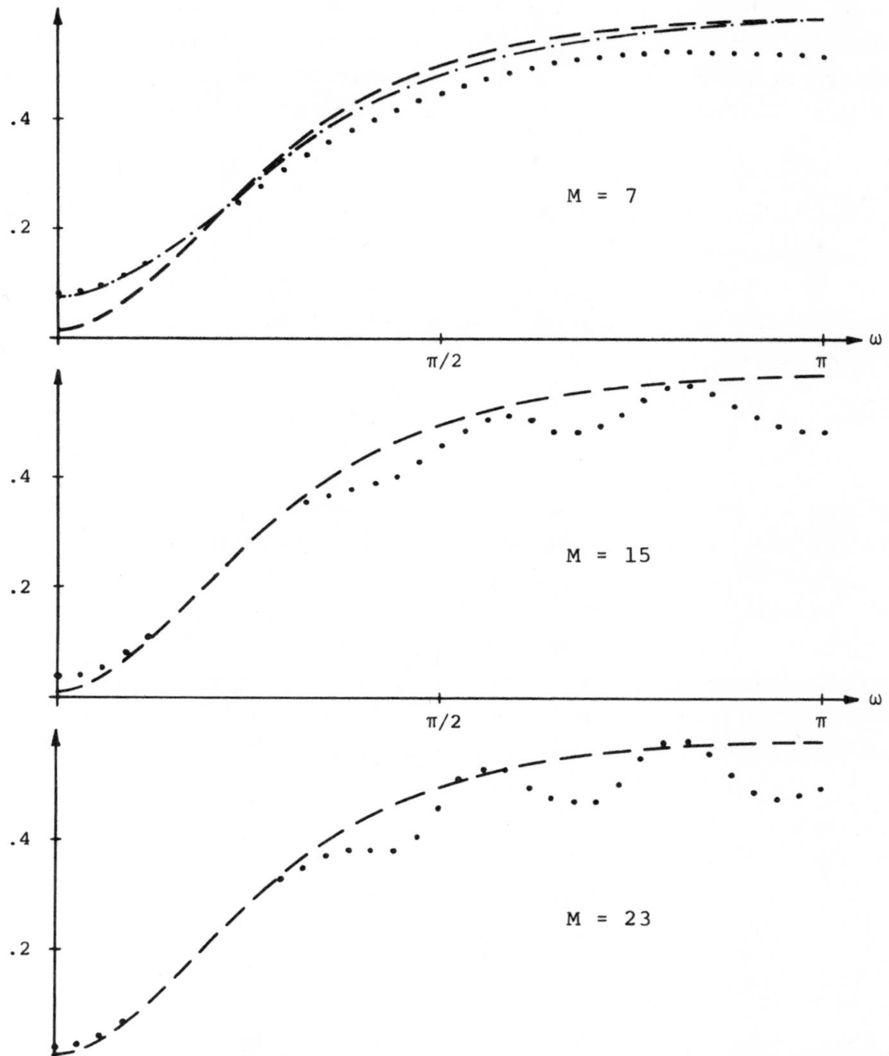


Abb. 6.1: Spektralschätzungen des Prozesses (6.2.4). Geschätzt nach Tukey mit verschiedenen truncation points M

— — — theoretisches Spektrum $f(\omega)$

• • • • geschätztes Spektrum $\hat{f}(\omega)$

—·—· Idealschätzung $f^*(\omega)$

wieder. Hier wird die Wirkung eines zu kleinen truncation point gezeigt: Mit abnehmendem M nimmt die Bandbreite zu und liefert zunehmend eine schlechtere Auflösung des Spektrums, wie die drei Zeichnungen (von unten nach oben betrachtet) ergeben.

Die obere Zeichnung der Abbildung 6.1 und alle drei Zeichnungen der Abbildung 6.2 enthalten außerdem eine strichpunktiert eingezeichnete Kurve, die hier als neue Vergleichsgröße zur Beurteilung von Spektralschätzungen vorgeschlagen wird. Sie wird berechnet aus

$$f^*(\omega_j) = \frac{1}{\pi}\{\gamma_o + 2\sum_{\tau=1}^{M}\gamma_\tau w_\tau \cos\omega_j\tau\} \tag{6.2.6}$$

und stellt damit den Idealfall der Spektralschätzung $\hat{f}(\omega_j)$ nach (6.1.5) dar, weil die Schätzfunktion $c_\tau$ durch die theoretische Autokovarianzfunktion $\gamma_\tau$ ersetzt wurde. $f^*(\omega_j)$ ist als rein theoretische Größe unabhängig von der Länge T einer Zeitreihe. Ihr Erklärungswert bei der Wahl des truncation points M zeigt sich an der Abbildung 6.2 ganz deutlich. Außerdem wird sie im Abschnitt 6.4 von Nutzen sein.
Die (6.2.6) entsprechende Idealschätzung für die normierte Spektraldichte ist gegeben durch

$$\frac{f^*(\omega_j)}{\gamma_o} = \frac{1}{\pi}\{1 + 2\sum_{\tau=1}^{M}\rho_\tau w_\tau \cos\omega_j\tau\} \quad . \tag{6.2.7}$$

Nach dieser ersten Betrachtung praktischer Ergebnisse zurück zu Überlegungen, die der Auswahl des geeigneten lag windows dienen sollen.
Die folgende Tabelle 6.1 [Jenkins & Watts (1969), S. 252] gibt für die lag windows (6.2.1) bis (6.2.3) das angenäherte Varianzverhältnis $V = Var[\hat{f}(\omega)]/Var[\tilde{f}(\omega)]$, das die proportionale

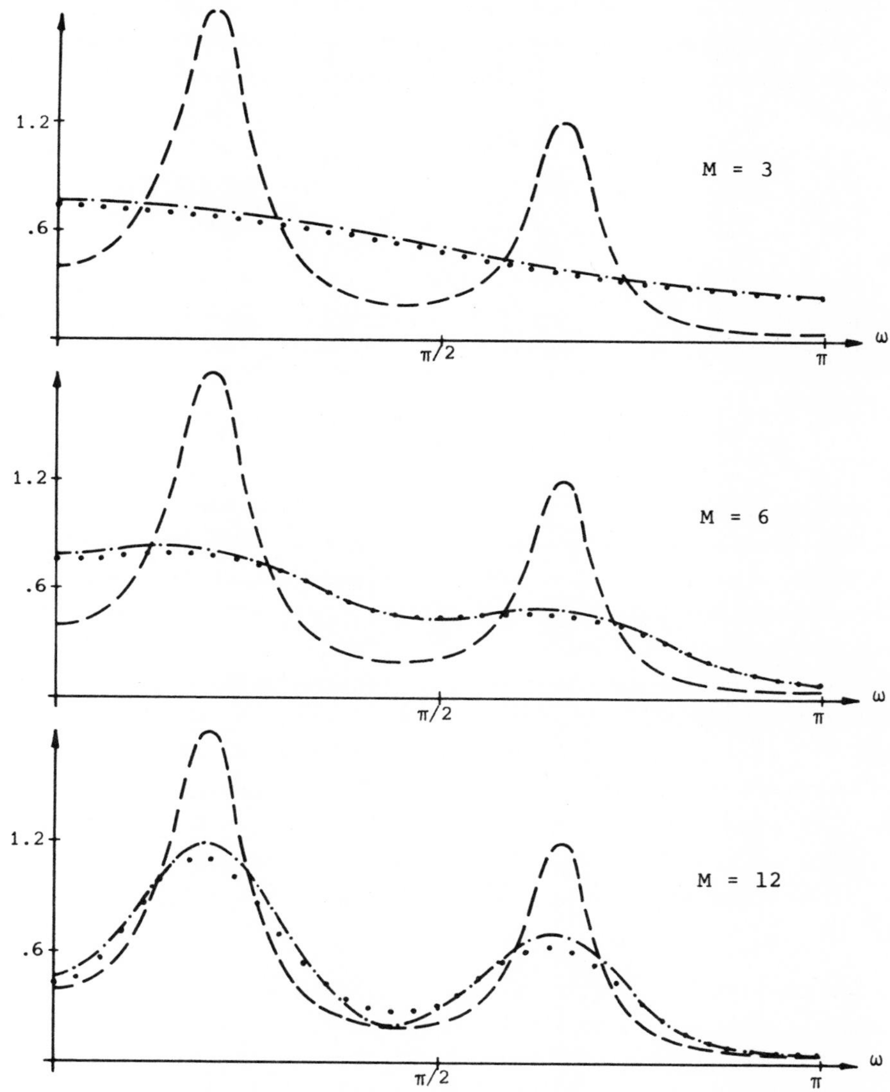


Abb. 6.2: Spektralschätzungen des Prozesses (6.2.5). Geschätzt nach Tukey mit verschiedenen truncation points M

— — — theoretisches Spektrum $f(\omega)$

• • • • geschätztes Spektrum $\hat{f}(\omega)$

—·—· Idealschätzung $f^*(\omega)$

Varianzverminderung beim Übergang von der Schätzfunktion $\tilde{f}(\omega)$ zur Schätzfunktion $\hat{f}(\omega)$ angibt, sowie die standardisierte Bandbreite bezogen auf $M = 1$ [Jenkins & Watts (1969), S. 256] wieder.

| lag window | Varianzverhältnis V | standardisierte Bandbreite |
|---|---|---|
| Bartlett | o.667 M/T | 1.5 |
| Tukey | o.750 M/T | 1.333 |
| Parzen | o.539 M/T | 1.86 |

Tab. 6.1: Varianzverhältnis V und standardisierte Bandbreite der gebräuchlichsten lag windows

An einem Beispiel soll erläutert werden, wie diese Tabelle zu interpretieren ist. Angenommen, der truncation point sei $M = o.1T$ . Dann ist $V = o.0667$ für das Bartlettfenster. Für einen truncation point, der 10% der Zeitreihenlänge T beträgt, wird die Varianz der gewichteten Schätzfunktion $\hat{f}(\omega)$ auf 6.7% der Varianz der ungewichteten Schätzfunktion $\tilde{f}(\omega)$ reduziert. Die entsprechenden Werte für das Tukey- und das Parzenfenster sind 7.5% bzw. 5.4% . Mit dem Parzenfenster läßt sich also die stärkste Varianzreduzierung erzielen. Andererseits hat aber das Parzenfenster die größte Bandbreite [1.86] und damit auch den größten Bias. Bei der Entscheidung für ein bestimmtes lag window muß man aber Varianz und Bias gleichzeitig berücksichtigen.

Untersuchungen von Jenkins & Watts [(1969), S. 272 ff.] haben gezeigt, daß zwei verschiedene lag windows sehr ähnliche Schätzungen liefern, wenn die Fenster mit gleichen Bandbreiten verwendet werden. Außerdem haben sie dann etwa dieselbe Varianz wegen der Beziehung [cf. S. 125] Bandbreite • Varianz = const. Aus der Tabelle 6.1 entnimmt man, daß die Bandbreite des Parzenfensters das 1.4-fache der Bandbreite des Tukeyfensters beträgt. Also hat das Tukeyfenster bei einem truncation point von $M = 10$ dieselbe Bandbreite und Varianz wie das Parzenfenster bei $M = 14$

[beim Bartlettfenster ergibt sich M = 11].

Der Vorteil, den das Tukeyfenster damit bei der Analyse kurzer Reihen bietet, ist beträchtlich: Ist etwa das Verhältnis M/T = 1/3 beim Schätzen optimal, so muß eine Zeitreihe T = 42 Werte beim Parzenfenster umfassen, während man für das Tukeyfenster nur T = 30 Werte bei gleicher Schätzgenauigkeit benötigt.

Es kann allerdings vorkommen, daß das Tukeyfenster für das theoretisch nichtnegative Spektrum negative Schätzwerte liefert. Naeve [(1969), S. 63] hält deshalb das Tukeyfenster für nicht empfehlenswert. Hier wird dagegen der Standpunkt vertreten, daß man es gerade beim Schätzen aus kurzen Zeitreihen zunächst mit dem Tukeyfenster versuchen sollte. Wenn sich dann negative Schätzwerte ergeben sollten, kann man immer noch zu einem anderen Fenster übergehen.

## 6.3 Erforderliche Länge der Zeitreihe

Nachdem im vorigen Abschnitt gezeigt wurde, daß die Qualität einer Spektralschätzung entscheidend von der Wahl des truncation points M und des lag windows $w_\tau$ beeinflußt wird, soll hier an Beispielen erläutert werden, daß sich nicht angeben läßt, in welcher [für alle Zeitreihen einheitlichen] Länge T eine Zeitreihe für eine zufriedenstellende Spektralschätzung zur Verfügung stehen muß.- Zur Demonstration dieses Sachverhalts sollen nochmals Schätzungen der Prozesse (6.2.4) und (6.2.5) betrachtet werden.

Die Abbildung 6.3 gibt die Schätzergebnisse für den Prozeß (6.2.4) wieder. Es wurde aus variabler Reihenlänge T und mit

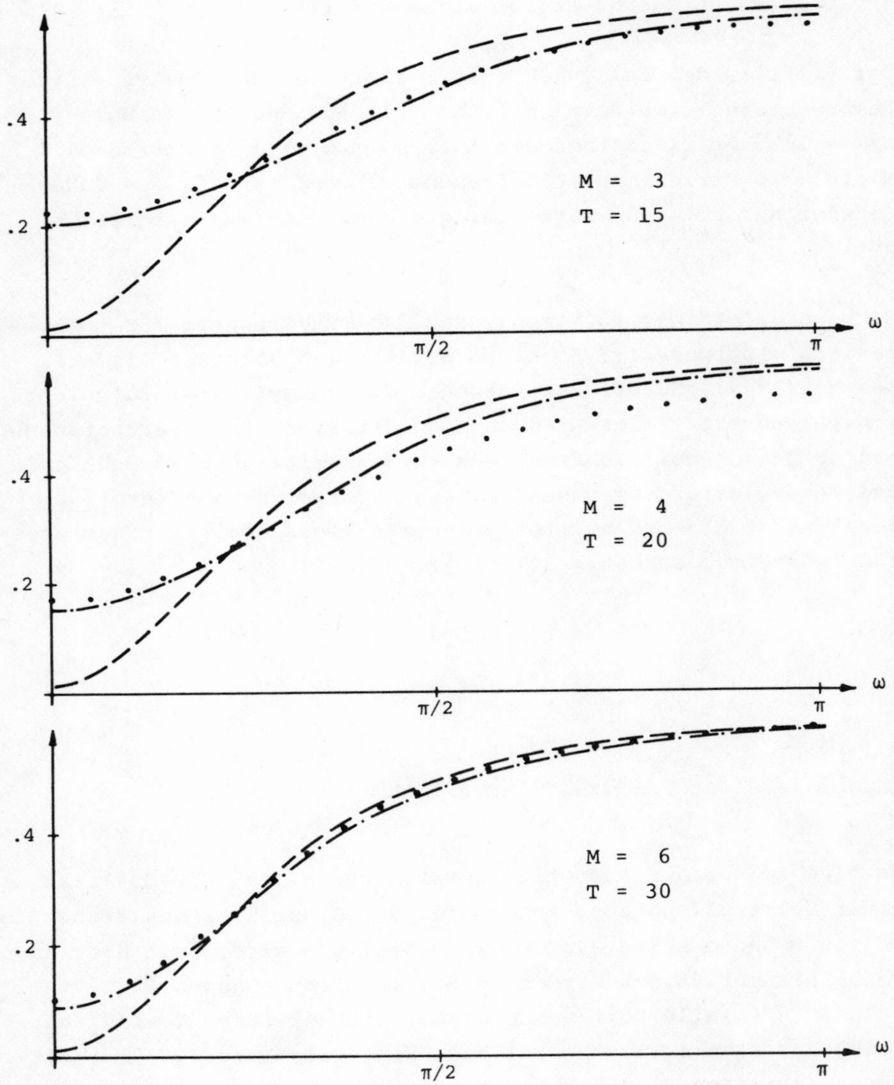


Abb. 6.3: Spektralschätzungen des Prozesses (6.2.4). Geschätzt nach Tukey. M und T variabel

— — — theoretisches Spektrum $f(\omega)$

• • • • geschätztes Spektrum $\hat{f}(\omega)$

—·—· Idealschätzung $f^{*}(\omega)$

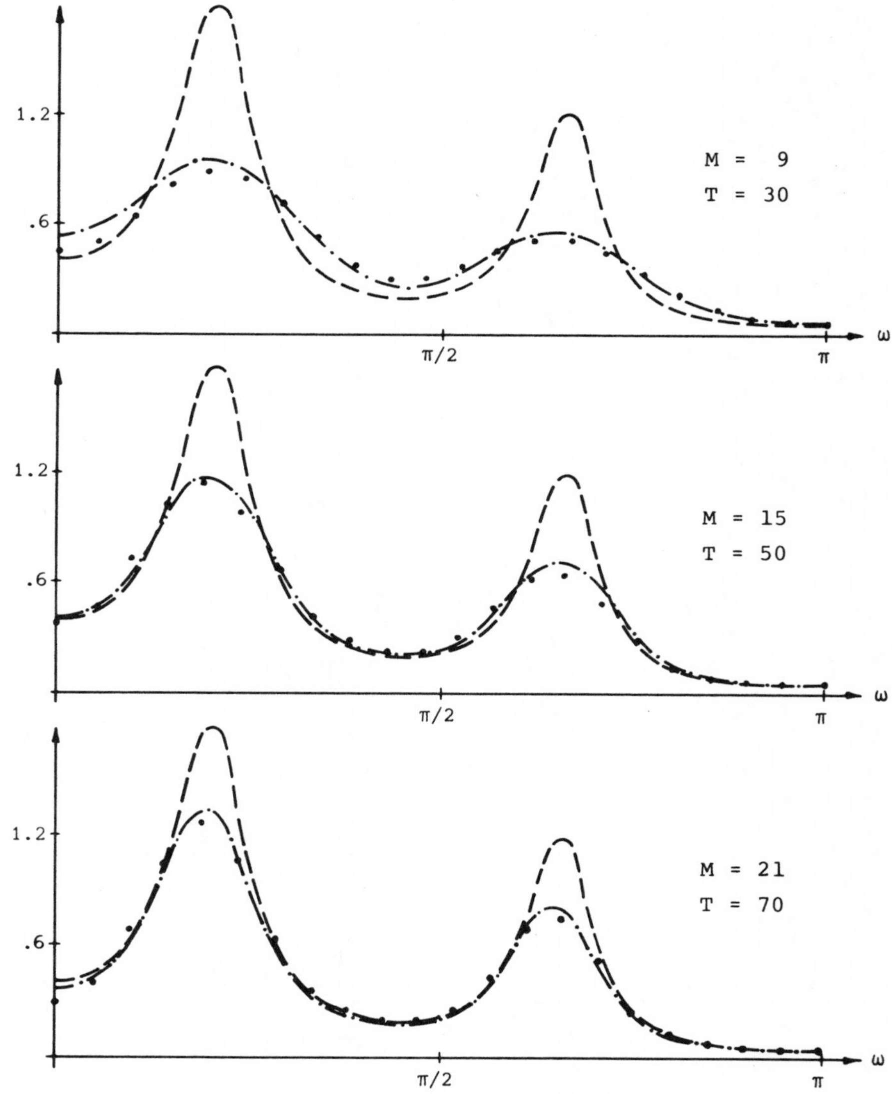


Abb. 6.4: Spektralschätzungen des Prozesses (6.2.5). Geschätzt nach Tukey. M und T variabel

— — — theoretisches Spektrum $f(\omega)$

• • • • geschätztes Spektrum $\hat{f}(\omega)$

—·—· Idealschätzung $f^{*}(\omega)$

variablem truncation point M so geschätzt, daß in allen drei Schätzungen das Verhältnis M/T = o.2 war. Mit diesem Verhältnis läßt sich das Spektrum des Prozesses (6.2.4) mit dem Tukeyfenster aus Reihen der Länge T = 30 gut schätzen.

Die Abbildung 6.4 enthält die Schätzergebnisse für den Prozeß (6.2.5). Es wurde wie vorher mit variablem M und T, aber jetzt so geschätzt, daß immer M/T = o.3 war. Mit diesem Verhältnis M/T läßt sich das Spektrum des Prozesses (6.2.5) aus Zeitreihen der Länge T = 70 bei Verwendung des Tukeyfensters zufriedenstellend schätzen.

Die erforderliche mehr als doppelte Reihenlänge verglichen mit dem vorigen Fall ist nur auf das kompliziertere Spektrum des Prozesses (6.2.5) zurückzuführen.

Alle zufriedenstellenden Ergebnisse von Spektralschätzungen aus kurzen Zeitreihen dürfen deshalb nicht zu Verallgemeinerungen führen, etwa nach dem Motto: 'Die Spektren stochastischer Prozesse lassen sich aus Zeitreihen der Länge $T_o$ schätzen'. Eine solche Aussage ist sinnlos. Die Länge T, in der eine Zeitreihe für eine zufriedenstellende Spektralschätzung zur Verfügung stehen muß, ist prozeßabhängig. Es lassen sich immer Prozesse mit einem entsprechend komplizierten Spektrum so konstruieren, daß dieses nur aus sehr langen Reihen 'gut' geschätzt werden kann.

In diesem Sinne ist dann auch der in dieser Arbeit verwendete Begriff der 'kurzen' Zeitreihe immer nur relativ zur angewendeten statistischen Methode zu verstehen [cf. S. 8].

## 6.4 Anwendungsbeispiele

Zum Abschluß dieses 6. Kapitels sollen noch einige Ergebnisse von Spektralschätzungen mitgeteilt werden, bei denen die neuen vorgeschlagenen Kovarianz- und Korrelationsschätzfunktionen zur Anwendung kommen. Bei der Beurteilung der Qualität der Schätzergebnisse sind jetzt die Vergleichsspektren $f^*(\omega_j)$ nach (6.2.6) bzw. (6.2.7) von besonderem Nutzen, weil in sie das zum Schätzen verwendete Fenster $w_\tau$ und der truncation point M ebenfalls eingehen. Dadurch ist es möglich, den Einfluß von Kovarianz- und Korrelationsschätzungen isoliert von den anderen Faktoren zu betrachten, die Auswirkungen auf die Qualität von Spektralschätzungen haben.

Vorgestellt werden zwei nach (6.1.5) geschätzte Spektraldichten und zwei nach (6.1.6) geschätzte normierte Spektraldichten von schwach stationären stochastischen Prozessen. Dabei werden je einmal die Schätzfunktionen C6 und C8 sowie R4 und R6 verwendet und diese Ergebnisse denen mit den konventionellen Schätzfunktionen C1 sowie R1 erzielbaren gegenübergestellt.

Die in den spektralen Schätzfunktionen (6.1.5) und (6.1.6) verwendeten Kovarianz- und Korrelationsschätzungen sind, wie bisher auch, im Mittel über je N Zeitreihen nach (4.2.2) gebildet. Die erzeugenden Prozesse sind aus den Beziehungen (4.3.3) bis (4.3.12) ausgewählt. Die zu einer Reihenlänge T und einem Prozeß $X_t$ gehörende Kombination der Faktoren $(v,\mu,d)$ ist der Tabelle 4.3 entnommen.

Die Abbildung 6.5 gibt die normierten Spektraldichten des AR(1)-Prozesses

$$\begin{aligned} &X_t = .75X_{t-1} + U_t + .75 \qquad \text{mit} \\ (6.4.1)\qquad &U_t = .5\varepsilon_t \qquad \varepsilon_t \sim N(0,1) \qquad KS = 4 \qquad T = 40 \end{aligned}$$

wieder, und zwar die nach (6.2.7) berechnete Idealschätzung

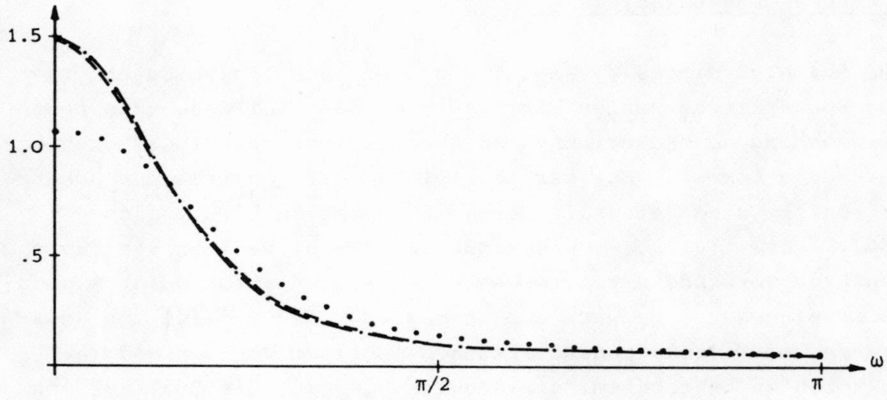


Abb. 6.5: Normierte Spektraldichten des Prozesses (6.4.1)

—·—· Idealschätzung $f^*(\omega)/\gamma_o$
• • • • konventionelle Schätzung mit R1
– – – – Schätzung mit R4

$f^*(\omega_j)/\gamma_o$ sowie die nach (6.1.6) mit Hilfe von R4 und R1 geschätzten normierten Spektraldichten. Geschätzt wurde nach Parzen mit $M = 12$ .

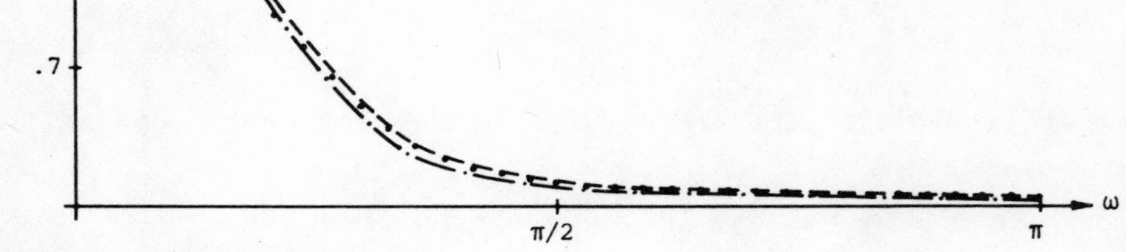

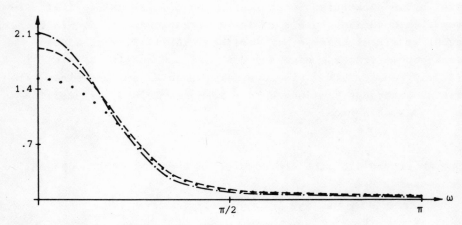

Abb. 6.6: Spektraldichten des Prozesses (6.4.2)

—·—· Idealschätzung $f^*(\omega)$
• • • • konventionelle Schätzung mit C1
– – – – Schätzung mit C8

In der Abbildung 6.6 sind für den MA(5)-Prozeß

$$(6.4.2)\qquad \begin{aligned} X_t &= U_t + U_{t-1} + \ldots + U_{t-5} + 3.5 \qquad \text{mit} \\ U_t &= .5\varepsilon_t \qquad \varepsilon_t \sim G(0,1) \qquad KS = 3.5 \qquad T = 30 \end{aligned}$$

die Idealschätzung $f^*(\omega_j)$ sowie die mittels C8 und C1 aus (6.1.5) geschätzten Spektraldichten wiedergegeben. Geschätzt wurde nach Parzen mit $M = 9$ .

Beide Abbildungen 6.5 und 6.6 zeigen, daß sich mit den neuen Schätzfunktionen (- - -) ein deutlicher Gewinn an Schätzgenauigkeit im Vergleich zur Anwendung der konventionellen Schätzfunktionen (• • •) erzielen läßt. Die Verwendung der konventionellen Schätzfunktionen C1 und R1 führt bei allen hier gezeigten Beispielen zu einer deutlichen Unterschätzung des Spektrums in den niederen Frequenzbändern, die zu vollständigen Fehlinterpretationen der geschätzten Spektren führen können.

In der folgenden Abbildung 6.7 z.B. zeigt sich ein Gipfel des konventionell geschätzten Spektrums in der Nähe des Frequenzpunktes $4\pi/34$ , der im theoretischen Spektrum überhaupt nicht existiert. Dieser Effekt ist auch von König & Wolters [(1971)] beobachtet worden.

Die andere Konsequenz dieser Unterschätzung kann eine Verschiebung tatsächlich vorhandener Gipfel [wie die Abbildung 6.8 ergibt] zur Folge haben: Das Spektrum des Prozesses (6.4.4) besitzt einen echten Gipfel beim Frequenzpunkt $5\pi/34$ , der bei Verwendung der konventionellen Schätzfunktion R1 bei $6\pi/34$ lokalisiert wird.

Bei den hier vorgeschlagenen neuen Kovarianz- und Korrelationsschätzfunktionen sind diese zu Fehlinterpretationen Anlaß gebenden Effekte in keinem Fall beobachtet worden.

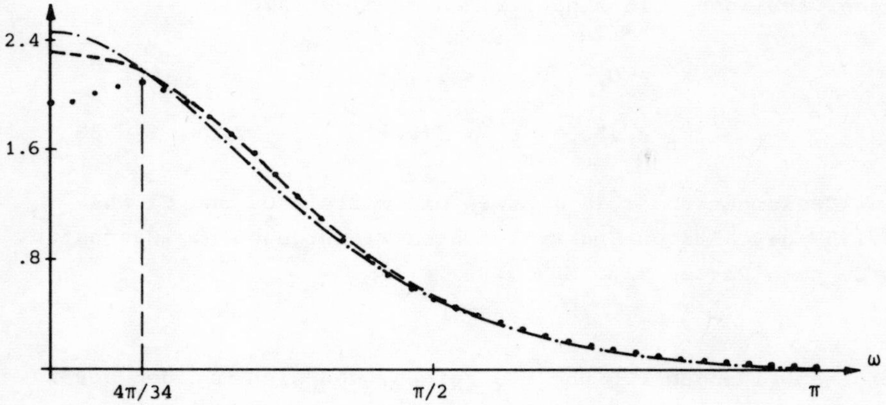


Abb. 6.7: Spektraldichten des Prozesses (6.4.3)
—·—· Idealschätzung $f^*(\omega)$
• • • • konventionelle Schätzung mit C1
— — — Schätzung mit C6

Die Abbildung 6.7 enthält für den ARMA(1,1)-Prozeß

$$(6.4.3)\quad \begin{aligned} &X_t = .33X_{t-1} + \varepsilon_t + .9\varepsilon_{t-1} + 3.35 \quad \text{mit} \\ &\varepsilon_t \sim N(0,1) \quad KS = 2 \quad T = 50 \end{aligned}$$

die Idealschätzung $f^*(\omega_j)$, die mit C6 und die mittels C1 geschätzte Spektraldichte. Geschätzt wurde nach Tukey mit $M = 16$

In der Abbildung 6.8 sind für den AR(2)-Prozeß

$$(6.4.4)\quad \begin{aligned} &X_t = 1.1X_{t-1} - .5X_{t-2} + U_t + 1.2 \quad \text{mit} \\ &U_t = .5\varepsilon_t \quad \varepsilon_t \sim N(0,1) \quad KS = 1.58 \quad T = 40 \end{aligned}$$

die Idealschätzung $f^*/\gamma_o$, die mittels R6 und die mit Hilfe von R1 geschätzte normierte Spektraldichte dargestellt. Geschätzt wurde nach Tukey mit $M = 12$.

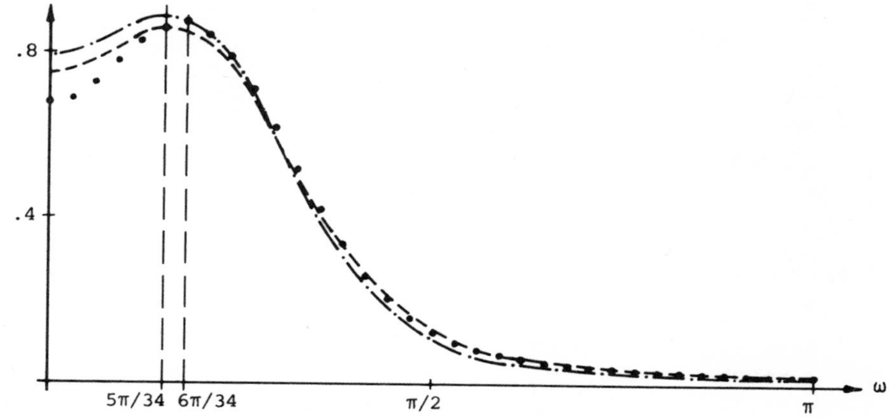


Abb. 6.8: Normierte Spektraldichten des Prozesses (6.4.4)

—·—· Idealschätzung $f^{*}(\omega)/\gamma_o$
• • • • konventionelle Schätzung mit R1
– – – – Schätzung mit R6

Die Prozesse (6.4.1) bis (6.4.4) sind nach abfallender Korrelationssumme KS [cf. S. 71] angegeben. Die Abbildungen 6.5 bis 6.8 zeigen, daß der Gewinn an Schätzgenauigkeit umso größer ist, je höher KS ist. Dieses Ergebnis war nach den theoretischen Überlegungen in den Abschnitten 3.2 und 3.3 zu vermuten.

# 7. Maximum Likelihood - Schätzungen



## 7.1 Likelihoodfunktion

Im Folgenden werden wiederum reelle, schwach stationäre und in der Zeit t diskrete stochastische Prozesse $X_t$ betrachtet, die zumindest mittelwert- und kovarianzergodisch sein sollen. Die T Werte $x_1, x_2, \ldots, x_T$ einer Zeitreihe werden als Realisationen der Zufallsvariablen $X_1, X_2, \ldots, X_T$ aufgefaßt. Die $X_i$ seien normalverteilt.

Gesucht sind geeignete Annahmen über den Erwartungswertvektor und die Kovarianzstruktur des Zufallsvektors $(X_1, X_2, \ldots, X_T)'$, damit Schätzungen des Erwartungswerts und der Kovarianzfunktion des Prozesses $X_t$ ermöglicht werden.- Schreibt man allgemein

$$\mathbf{X} = \begin{bmatrix} X_1 \\ X_2 \\ \vdots \\ X_T \end{bmatrix} \sim N(\mu, \Sigma) \quad \text{und} \quad \mathbf{x} = \begin{bmatrix} x_1 \\ x_2 \\ \vdots \\ x_T \end{bmatrix} ,$$

so führt die Annahme der schwachen Stationarität [cf. S. 22] zur Definition des Mittelwertvektors (7.1.1), während in die Definition der Kovarianzmatrix (7.1.2) außer der Stationarität auch die Ergodizität des Prozesses $X_t$ [cf. S. 26] eingeht: eine hinreichende Bedingung für die Mittelwertergodizität eines schwach stationären Prozesses ist $\lim \gamma_\tau = 0$ für $\tau \to \infty$. Für praktische Anwendungen kann deshalb angenommen werden, daß Kovarianzen $\gamma_\tau$ jenseits eines gewissen lags m null sind. Mit diesen Überlegungen hat man

(7.1.1) $$E[\mathbf{X}] = \boldsymbol{\mu} := \mu\mathbf{1} = \begin{bmatrix} \mu \\ \mu \\ \vdots \\ \mu \end{bmatrix}, \text{ wobei } \mathbf{1} := \begin{bmatrix} 1 \\ 1 \\ \vdots \\ 1 \end{bmatrix}, \text{ und}$$

(7.1.2) $$\Sigma = E[(\mathbf{X}-\mu\mathbf{1})(\mathbf{X}-\mu\mathbf{1})'] := \gamma_o\mathbf{B}_o + \gamma_1\mathbf{B}_1 + \dots + \gamma_m\mathbf{B}_m$$

$$\gamma_i \in \mathbb{R} \qquad m \leq T-1 \quad .$$

Dabei sind die (T;T)-Matrizen $\mathbf{B}_i$ gegeben durch

$$\mathbf{B}_i = (b_{rs}) := \begin{cases} 1 & \text{für } |r-s| = i \qquad i = 0,1,\dots,m \\ 0 & \text{sonst} \qquad r,s = 1,2,\dots,T \end{cases} .$$

Ein Beispiel: Für T = 4 und m = 1 ergibt sich die folgende für stationäre Prozesse typische Toeplitzmatrix

$$\Sigma = \gamma_o \begin{bmatrix} 1&0&0&0 \\ 0&1&0&0 \\ 0&0&1&0 \\ 0&0&0&1 \end{bmatrix} + \gamma_1 \begin{bmatrix} 0&1&0&0 \\ 1&0&1&0 \\ 0&1&0&1 \\ 0&0&1&0 \end{bmatrix}.$$

Die Darstellung (7.1.2) für die Kovarianzmatrix $\Sigma$ wird sich für die folgenden Ableitungen als besonders nützlich erweisen.

Ist ein beliebiger Zufallsvektor $\mathbf{X}$ multivariat normalverteilt mit $N(\mu\mathbf{1},\Sigma)$, dann ist die Dichte von $\mathbf{X}$

$$(7.1.3) \qquad f_T(\mathbf{x},\theta) = \frac{1}{(2\pi)^{T/2}|\Sigma|^{1/2}} e^{-[(\mathbf{x}-\mu\mathbf{1})'\Sigma^{-1}(\mathbf{x}-\mu\mathbf{1})]/2} \quad ,$$

wobei für den Vektor der Parameter

$$\theta = (\mu,\gamma_o,\gamma_1,\ldots,\gamma_m)' \ \varepsilon\ \Omega \subset \mathbb{R}^{m+2} \quad \text{gilt.}$$

Die Likelihoodfunktion l bei gegebenem Beobachtungsvektor $\mathbf{x}$ ist als Funktion von $\theta$ definiert:

$$(7.1.4) \qquad l(\theta|\mathbf{x}) \propto f_T(\mathbf{x},\theta) \quad .$$

Das Prinzip der Maximum Likelihood besteht darin, $\hat{\theta}$ als Schätzwert für $\theta$ zu akzeptieren, wenn bei gegebenem Beobachtungsvektor $\mathbf{x}$

$$(7.1.5) \qquad l(\hat{\theta}|\mathbf{x}) = \sup\ l(\theta|\mathbf{x})$$

über $\theta\varepsilon\Omega$ erfüllt ist.

In der praktischen Anwendung verwendet man anstelle von (7.1.4) die logarithmierte Likelihoodfunktion, d.h. $L(\theta|\mathbf{x}) = \log l(\theta|\mathbf{x})$. Für den multivariat normalverteilten Zufallsvektor $\mathbf{X}$ ist sie, abgesehen von einer Konstanten,

$$(7.1.6) \qquad L(\theta|\mathbf{x}) = -\frac{1}{2}\log|\Sigma| - \frac{1}{2}(\mathbf{x}-\mu\mathbf{1})'\Sigma^{-1}(\mathbf{x}-\mu\mathbf{1}) \quad .$$

Wird das Supremum (7.1.5) so angenommen, daß $\hat{\theta}$ innerhalb des zulässigen Parameterbereichs liegt [z.B. soll $\hat{\Sigma}$ positiv semidefinit sein], und ist L eine differenzierbare Funktion von $\theta$, dann ist unter diesen Bedingungen $\hat{\theta}$ als Lösung der Gleichungen

$$(7.1.7) \qquad \frac{\partial L(\theta|\mathbf{X})}{\partial\mu} = 0 \quad \text{und} \quad \frac{\partial L(\theta|\mathbf{X})}{\partial\gamma_i} = 0 \quad i = 0,1,\ldots,m$$

eine Schätzfunktion für $\theta$. Die Gleichungen (7.1.7) heißen (Maximum) Likelihoodgleichungen. Sie lauten für den hier vorliegenden Fall [die dazu erforderlichen Ableitungen sind im Abschnitt 7.5 zusammengestellt]:

$$\hat{\mu} = (\mathbf{1}'\hat{\Sigma}^{-1}\mathbf{1})^{-1}\mathbf{1}'\hat{\Sigma}^{-1}\mathbf{X} \quad \text{und}$$

(7.1.8)

$$\text{tr}\,[\hat{\Sigma}^{-1}\mathbf{B}_i] = \text{tr}\,[\hat{\Sigma}^{-1}\mathbf{B}_i\hat{\Sigma}^{-1}(\mathbf{X}-\hat{\mu}\mathbf{1})(\mathbf{X}-\hat{\mu}\mathbf{1})'] \quad i = 0,1,\ldots,m$$

Dabei bezeichnet tr die Spur der in eckigen Klammern stehenden Matrix. Die Gleichungen (7.1.8) werden noch ausführlich im Abschnitt 7.3 diskutiert.

## 7.2 Lösung der Likelihoodgleichungen

Die m+2 Likelihoodgleichungen (7.1.8) sind im allgemeinen so kompliziert, daß explizite Lösungen nicht angegeben werden können [cf. Jenkins & Watts (1969), S. 174 ; Zacks (1971), S. 230 ; Rao (1973), S. 366 ; Anderson (1975), S. 1284 et al.]. In der Literatur werden aber eine Vielzahl von iterativen Verfahren zur Lösung der Likelihoodgleichungen vorgeschlagen; in keiner der oben zitierten Arbeiten werden jedoch auch numerische Resultate vorgestellt [zur Schätzung von Varianzkomponenten in Varianzanalyse-Modellen, also in anderem Zusammenhang, haben Jennrich & Sampson [(1976), S. 11 ff.] numerische Ergebnisse mitgeteilt]. Es ist deshalb nicht möglich, den Programmieraufwand und die erforderlichen Rechenzeiten an der Genauigkeit der Schätzergebnisse (auch im Vergleich zu anderen Schätzprozeduren) zu messen. In der vorliegenden Arbeit soll deshalb versucht werden, diese Lücke zu schließen oder doch zumindest Anhaltspunkte dafür zu liefern, in welchem Verhältnis Aufwand und Gewinn an Schätzgenauigkeit zueinander stehen.

Die meisten der iterativen Lösungsverfahren beruhen auf einer Taylorreihenentwicklung der ersten partiellen Ableitungen der Likelihoodfunktion (7.1.6), die wegen der notwendigen Bedingung für ein Maximum gleich null gesetzt wird. Das bekannteste Verfahren, das 'Newton-Raphson-Verfahren' und zwei Varianten davon, das 'Verfahren der festen Ableitungen' und die 'Methode des scoring' werden im Folgenden kurz skizziert. Ausführliche Darstellungen finden sich bei Zacks [(1971), S. 230 ff.] und bei Rao [(1973), S. 366 ff.].

## Das Verfahren von Newton - Raphson

Bezeichnet man mit $L(\boldsymbol{\theta}|\mathbf{x})$ die Likelihoodfunktion eines Parametervektors $\boldsymbol{\theta}$ und ist $\mathbf{x}$ ein Vektor von Beobachtungen, dann lautet die Taylorreihenentwicklung der Likelihoodfunktion (7.1.6) in Verbindung mit (7.1.7) an der Stelle $\theta = \theta_1$

(7.2.1)
$$\mathbf{0} = \frac{\partial L(\boldsymbol{\theta}|\mathbf{x})}{\partial \boldsymbol{\theta}} = \left.\frac{\partial L(\boldsymbol{\theta}|\mathbf{x})}{\partial \boldsymbol{\theta}}\right|_{\theta=\theta_1} + \left.\frac{\partial^2 L(\boldsymbol{\theta}|\mathbf{x})}{\partial \boldsymbol{\theta}\,\partial \boldsymbol{\theta}'}\right|_{\theta=\theta_1} (\hat{\theta}-\theta_1) + \mathbf{R}_1(\hat{\theta},\theta_1|\mathbf{x}).$$

Dabei sind $\partial L/\partial\boldsymbol{\theta}$ und $\mathbf{R}_1$ (m+2;1)-Spaltenvektoren und $\partial^2 L/\partial\boldsymbol{\theta}\,\partial\boldsymbol{\theta}'$ eine (m+2;m+2)-Matrix.

Das Verfahren von Newton-Raphson besteht nun darin, $\theta_1$ als Anfangsschätzung für $\theta$ zu nehmen, den Rest $\mathbf{R}_1$ null zu setzen und die Gleichung (7.2.1) nach $\hat{\theta}$ aufzulösen. So erhält man eine Approximation $\theta_2 = \hat{\theta}$

(7.2.2)
$$\theta_2 = \theta_1 - \left[\left.\frac{\partial^2 L(\boldsymbol{\theta}|\mathbf{x})}{\partial \boldsymbol{\theta}\,\partial \boldsymbol{\theta}'}\right|_{\theta=\theta_1}\right]^{-1} \cdot \left.\frac{\partial L(\boldsymbol{\theta}|\mathbf{x})}{\partial \boldsymbol{\theta}}\right|_{\theta=\theta_1} .$$

Als Ergebnis erhält man einen Vektor von verbesserten Schätzwerten. Dieser kann im nächsten [allgemein: (k+1)-ten] Schritt in (7.2.2) für $\theta_1$ eingesetzt werden usw. So läßt sich, beginnend mit einem Startvektor $\theta_1$, eine Folge von Vektoren nach

$$(7.2.3) \qquad \theta_{k+1} = \theta_k - \left[ \left. \frac{\partial^2 L(\theta|\mathbf{x})}{\partial\theta\ \partial\theta'} \right|_{\theta=\theta_k} \right]^{-1} \left. \frac{\partial L(\theta|\mathbf{x})}{\partial\theta} \right|_{\theta=\theta_k}$$

oder, in verkürzter Schreibweise,

$$\theta_{k+1} = \theta_k - \mathbf{C}_k^{-1} \frac{\partial L(\theta_k)}{\partial\theta} \qquad k = 1,2,...$$

berechnen.

Zacks [(1971), S. 231] gibt an, daß unter gewissen Regularitätsbedingungen eine gute Chance bestehe, daß die Folge der $\theta_k$ gegen die 'wahre' Lösung $\theta$ konvergiert; und weiter, daß schon nach einer Iteration eine beste asymptotisch normale (BAN) Schätzfunktion für $\boldsymbol{\theta}$ erzielt wird, wenn nur die Anfangslösung $\theta_1$ das Resultat einer konsistenten Schätzung für $\theta$ war. Liegen nur wenige Beobachtungen vor, so sieht Zacks die Gefahr von Irregularitäten, die bei der Methode der festen Ableitungen und bei der Methode des scoring vermieden werden.

Wendet man das Newton-Raphson-Verfahren auf die hier betrachtete Likelihoodfunktion (7.1.6) an, so wird [die benötigten Ableitungen sind im Abschnitt 7.5 angegeben] (7.2.3) zu

$$(7.2.4) \qquad \begin{bmatrix} \mu \\ \gamma_o \\ \vdots \\ \gamma_m \end{bmatrix}_{k+1} = \begin{bmatrix} \mu \\ \gamma_o \\ \vdots \\ \gamma_m \end{bmatrix}_{k} - \mathbf{C}_k^{-1} \begin{bmatrix} \mathrm{tr}[\boldsymbol{\Sigma}^{-1}(\mathbf{x}-\mu\mathbf{1})\mathbf{1}'] \\ -\frac{1}{2}\mathrm{tr}[\boldsymbol{\Sigma}^{-1}\mathbf{B}_o\{I-\Sigma^{-1}(\mathbf{x}-\mu\mathbf{1})(\mathbf{x}-\mu\mathbf{1})'\}] \\ \vdots \\ -\frac{1}{2}\mathrm{tr}[\boldsymbol{\Sigma}^{-1}\mathbf{B}_m\{I-\Sigma^{-1}(\mathbf{x}-\mu\mathbf{1})(\mathbf{x}-\mu\mathbf{1})'\}] \end{bmatrix}_k .$$

Dabei bezeichnet $\mathbf{I}$ die Einheitsmatrix und die Matrix $\mathbf{C}_k$ hat die Form

$$\begin{bmatrix} -\mathrm{tr}[\Sigma^{-1}\mathbf{1}\mathbf{1}'] & -\mathrm{tr}[\Sigma^{-1}\mathbf{B}_o\Sigma^{-1}(\mathbf{x}-\mu\mathbf{1})\mathbf{1}'] \;\ldots\; -\mathrm{tr}[\Sigma^{-1}\mathbf{B}_m\Sigma^{-1}(\mathbf{x}-\mu\mathbf{1})\mathbf{1}'] \\ -\mathrm{tr}[\Sigma^{-1}\mathbf{B}_o\Sigma^{-1}(\mathbf{x}-\mu\mathbf{1})\mathbf{1}'] & \\ \vdots & \left(\mathrm{tr}[\Sigma^{-1}\mathbf{B}_i\Sigma^{-1}\mathbf{B}_j\{\tfrac{1}{2}\mathbf{I}-\Sigma^{-1}(\mathbf{x}-\mu\mathbf{1})(\mathbf{x}-\mu\mathbf{1})'\}]\right) \\ & i,j = o,1,\ldots,m \\ -\mathrm{tr}[\Sigma^{-1}\mathbf{B}_m\Sigma^{-1}(\mathbf{x}-\mu\mathbf{1})\mathbf{1}'] & \end{bmatrix}_k$$

Das Newton-Raphson-Verfahren ist das mit Abstand rechenaufwendigste der drei hier betrachteten Verfahren. Die Matrix $\mathbf{C}_k$ ist in jedem Iterationsschritt erneut zu berechnen und zu invertieren, da sich $\mu$ und $\gamma_o, \gamma_1, \ldots, \gamma_m$ und damit $\mathbf{\Sigma}$ in jedem Schritt verändern; wie sich aus der linken Seite der Gleichung (7.2.4) ergibt.

Die beiden folgenden Verfahren sind Varianten des Newton-Raphson-Verfahrens. Sie erfordern deshalb weniger Rechenaufwand, weil die Matrix $\mathbf{C}_k$ bedeutend vereinfacht wird.

## Das Verfahren der festen Ableitungen

Das Verfahren der festen Ableitungen ist wesentlich weniger rechenaufwendig als das Newton-Raphson-Verfahren. Anstelle der Matrix $\mathbf{C}_k$ in (7.2.3) werden hier Matrizen $-\mathbf{D}_k = (d_{ij})_k$ mit geeignet gewählten Konstanten $d_{ij}$ verwendet. Die Konstanten $d_{ij}$ können, müssen aber nicht, in jedem Iterationsschritt verändert werden. Auf diese Art wird die Folge von Vektoren $\theta_k$, mit einem Startvektor $\theta_1$ beginnend, erzeugt nach

$$(7.2.5) \qquad \theta_{k+1} = \theta_k + \mathbf{D}_k^{-1}\frac{\partial L(\theta_k)}{\partial\theta} \qquad k = 1,2,\ldots$$

Nach Zacks [(1971),S. 232] kann diese Folge ein stabileres Konvergenzverhalten aufweisen als die nach (7.2.3) erzeugte. Andererseits gibt er an, daß (7.2.5) sehr oft nicht konvergierte, wenn die Likelihoodfunktion in der Nähe eines lokalen Maximums einen steilen Verlauf aufwies. Hinweise darauf, wie die Konstanten $d_{ij}$ zu wählen sind, werden von Zacks nicht gegeben. Auf das Konvergenzverhalten dieses Verfahrens wird im Abschnitt 7.4 noch eingegangen.

Für den Spezialfall $\mathbf{D}_k = \mathbf{I}$ für alle k hat man, angewandt auf die hier betrachtete Likelihoodfunktion (7.1.6),

$$\theta_{k+1} = \theta_k + \frac{\partial L(\theta_k)}{\partial \theta} \quad , \tag{7.2.6}$$

wobei der Vektor $\partial L(\theta_k)/\partial\theta$ so berechnet wird, wie in der Beziehung (7.2.4) [ganz rechts] angegeben ist.

## Die Methode des scoring

Die Methode des scoring ist ein Spezialfall des Verfahrens der festen Ableitungen. Sie wurde erstmals von R.A. Fisher eingeführt. Diese Methode wird in der Literatur unterschiedlich beschrieben [cf. Zacks (1971), S. 232 und Rao (1973), S. 366 ff.]. Hier wird der Darstellung von Rao gefolgt, weil, statt der erforderlichen zwei Startwerte für die Iterationen bei Zacks, bei Rao nur ein Startwert(vektor) $\theta_1$ benötigt wird und mit diesem Verfahren gute Schätzergebnisse erzielt werden konnten, wie im Abschnitt 7.4 noch gezeigt wird.

Die Größe $\partial L(\theta|\mathbf{x})/\partial\theta$ aus der Beziehung (7.2.1) ist definiert als der 'efficient score' für $\theta$. Maximum-Likelihood-Schätzwert für $\theta$ ist derjenige Wert(evektor), für den der efficient score null ist. Anstelle der Matrizen $\mathbf{D}_k$ beim Verfahren der festen Ableitungen werden jetzt Matrizen $\mathbf{D}_k = \Phi(\theta_k)$ verwendet. Die Matrix $\Phi(\theta)$ ist die sogenannte Fisher'sche Informationsmatrix.

Sie ist definiert als

$$(7.2.7) \qquad \Phi(\theta) = - E\left[\frac{\partial^2 L(\theta|\mathbf{X})}{\partial\theta\ \partial\theta'}\right] \quad .$$

Analog zu (7.2.5) wird so, beginnend mit einem Startvektor $\theta_1$, eine Folge von Vektoren $\theta_k$ nach

$$(7.2.8) \qquad \theta_{k+1} = \theta_k + \Phi(\theta_k)^{-1} \frac{\partial L(\theta_k)}{\partial\theta} \qquad k = 1,2,\ldots$$

erzeugt.

Zur Anwendung dieses Iterationsverfahrens auf die hier zu maximierende Likelihoodfunktion (7.1.6) ist die Informationsmatrix $\Phi$ nach (7.2.7) zu bestimmen. Aus den Gleichungen (7.2.3) und (7.2.4) ist unmittelbar zu sehen, daß

$$\Phi(\boldsymbol{\theta}) = - E\left[\frac{\partial^2 L(\theta|\mathbf{X})}{\partial\theta\ \partial\theta'}\right] = - E[\mathbf{C}]$$ gilt. Also ist

$$(7.2.9) \qquad \Phi(\theta) = \begin{bmatrix} tr[\Sigma^{-1}\mathbf{11}'] & 0 & \ldots & 0 \\ 0 & & & \\ \vdots & & \left(\frac{1}{2}tr[\Sigma^{-1}\mathbf{B}_i\Sigma^{-1}\mathbf{B}_j]\right) & \\ & & i,j = 0,1,\ldots,m & \\ 0 & & & \end{bmatrix} .$$

Unter Verwendung dieser Beziehung und mit (7.2.4) wird (7.2.8)

$$(7.2.10) \qquad \begin{bmatrix} \mu \\ \gamma_0 \\ \vdots \\ \gamma_m \end{bmatrix}_{k+1} = \begin{bmatrix} \mu \\ \gamma_0 \\ \vdots \\ \gamma_m \end{bmatrix}_k + \Phi(\theta_k)^{-1} \begin{bmatrix} tr[\Sigma^{-1}(\mathbf{x}-\mu\mathbf{1})\mathbf{1}'] \\ -\frac{1}{2}tr[\Sigma^{-1}\mathbf{B}_0\{I-\Sigma^{-1}(\mathbf{x}-\mu\mathbf{1})(\mathbf{x}-\mu\mathbf{1})'\}] \\ \vdots \\ -\frac{1}{2}tr[\Sigma^{-1}\mathbf{B}_m\{I-\Sigma^{-1}(\mathbf{x}-\mu\mathbf{1})(\mathbf{x}-\mu\mathbf{1})'\}] \end{bmatrix}_k .$$

Ein Vergleich des Newton-Raphson-Verfahrens mit der Methode des scoring [insbesondere der Beziehung (7.2.4) mit (7.2.9)] zeigt deutlich, daß die Methode des scoring einen wesentlich reduzierten Rechenaufwand erfordert. Aus diesem Grunde wird diese Methode nicht nur in der vorliegenden Arbeit sondern auch von Anderson [(1975), S. 1284] bevorzugt.

Die rechentechnisch gravierendsten Schwierigkeiten ergeben sich bei der Berechnung und Inversion der Informationsmatrix in jedem Iterationsschritt. Nach Meinung von Rao [(1973), S. 370] ist das in der praktischen Anwendung aber nicht für jeden Schritt erforderlich. Die Informationsmatrix kann nach einigen Iterationsschritten konstant gehalten werden [bei den hier durchgeführten Schätzungen ist das auch versucht worden, brachte meist aber deutlich schlechtere Schätzergebnisse als bei der Neuberechnung in jedem Schritt]. Erst am Ende der Iterationen, wenn stabile Schätzungen $\bar{\theta}$ [stabil in dem Sinne, daß der efficient score nahe bei null liegt und sich in weiteren Iterationschritten praktisch nicht mehr ändert] erreicht sind, wird die Informationsmatrix an dieser Stelle nochmals berechnet, weil man damit die Varianz-Kovarianz-Matrix der efficient scores für $\theta$ gewinnt. Unter gewissen Regularitätsbedingungen [cf. Zacks (1971) S. 182-183 und S. 246] gilt nämlich

$$E\left[\frac{\partial L(\theta|\mathbf{X})}{\partial\theta}\;\frac{\partial L(\theta|\mathbf{X})}{\partial\theta'}\right] = -\,E\left[\frac{\partial^2 L(\theta|\mathbf{X})}{\partial\theta\;\partial\theta'}\right] = \Phi(\theta) \quad ;$$

und weiter ist wegen $E\left[\frac{\partial L(\bar{\theta}|\mathbf{X})}{\partial\theta}\right] = 0$

(7.2.11) $$\mathrm{Var}\left[\frac{\partial L(\bar{\theta}|\mathbf{X})}{\partial\theta}\right] = E\left[\frac{\partial L(\bar{\theta}|\mathbf{X})}{\partial\theta}\;\frac{\partial L(\bar{\theta}|\mathbf{X})}{\partial\theta'}\right] = \Phi(\bar{\theta}) \quad .$$

## 7.3 Interpretation und Eigenschaften der Likelihoodgleichungen

Die inhaltliche Diskussion der Likelihoodgleichungen (7.1.8) und ihr Vergleich mit konventionellen Momentenschätzungen soll aus zwei Gründen hier durchgeführt werden. Zum einen soll damit erreicht werden, tiefere Einsichten in das Prinzip der Maximum Likelihood zu vermitteln. Zum anderen wird sich dabei zeigen lassen, daß konventionelle Kovarianzschätzungen "... have been used in statistical work mainly because they have intuitive appeal, not because they are best in any known sense" [Jenkins & Watts (1969), S. 174]. Das gilt zum Teil auch für Mittelwertschätzungen.

Es werden also jetzt die Likelihoodgleichungen (7.1.8), d.h.

(7.3.1) $$\hat{\mu}\mathbf{1}'\hat{\Sigma}^{-1}\mathbf{1} = \mathbf{1}'\hat{\Sigma}^{-1}\mathbf{X} \qquad \text{und}$$

(7.3.2) $$\mathrm{tr}[\hat{\Sigma}^{-1}\mathbf{B}_i] = \mathrm{tr}[\hat{\Sigma}^{-1}\mathbf{B}_i\hat{\Sigma}^{-1}(\mathbf{X}-\hat{\mu}\mathbf{1})(\mathbf{X}-\hat{\mu}\mathbf{1})'] \qquad i = 0,\dots,m$$

inhaltlich diskutiert, einige ihrer statistischen Eigenschaften angegeben und mit den konventionellen Schätzungen für den Mittelwert

(7.3.3) $$\mu^* = \frac{1}{T}\sum_{t=1}^{T} X_t$$

und für die Kovarianzfunktion

(7.3.4) $$\gamma_\tau^* = \frac{1}{T-\tau}\sum_{t=1}^{T-\tau}(X_t-\mu^*)(X_{t+\tau}-\mu^*) \qquad \tau = 0,1,\dots,m$$

verglichen.

<u>Unabhängige Zufallsvariable</u>

Der Vektor $\mathbf{X} = (X_1,X_2,\dots,X_T)'$ bestehe aus stochastisch unabhängigen Zufallsvariablen $X_i$. Die Kovarianzmatrix (7.1.2) ist dann

$$\Sigma = \gamma_o \, I_T \quad \text{bzw.} \quad \Sigma^{-1} = \frac{1}{\gamma_o} I_T \quad . \tag{7.3.5}$$

Damit gilt

$$\Sigma^{-1} = \frac{1}{\gamma_o^2} \Sigma \quad . \tag{7.3.6}$$

Mit der so vorausgesetzten Unabhängigkeit läßt sich jetzt zeigen, daß die aus (7.1.8) gewonnenen Maximum-Likelihood- Schätzungen mit den konventionellen Schätzungen übereinstimmen. Daraus ergibt sich eine bemerkenswerte Folgerung: für Zeitreihenanalysen, bei denen man es regelmäßig mit autokorrelierten Prozessen zu tun hat, sind die konventionellen Schätzfunktionen (7.3.3) und (7.3.4) den Maximum-Likelihood-Schätzungen prinzipiell unterlegen.

Wendet man (7.3.5) auf (7.3.1) an, so ergibt sich

$$\hat{\mu}\mathbf{1}' \frac{1}{\gamma_o} I_T \mathbf{1} = \mathbf{1}' \frac{1}{\gamma_o} I_T \mathbf{X} \, .$$

Da $\mathbf{1}'\mathbf{1} = T$ ist, wird daraus

$$\hat{\mu} T = \mathbf{1}'\mathbf{X} \quad , \text{ d.h.}$$

$$\hat{\mu} = \frac{1}{T}\mathbf{1}'\mathbf{X} = \frac{1}{T} \sum_{t=1}^{T} X_t = \mu^* \quad . \tag{7.3.7}$$

Maximum-Likelihood-Schätzung und konventionelle Schätzung stimmen also im Falle der Unabhängigkeit überein.

Setzt man ebenso (7.3.6) in (7.3.2) ein, so ist

$$\operatorname{tr}[\frac{1}{\gamma_o^2} \hat{\Sigma} \mathbf{B}_i] = \operatorname{tr}[\hat{\Sigma}^{-1} \mathbf{B}_i \frac{1}{\gamma_o} I_T (\mathbf{X} - \hat{\mu}\mathbf{1})(\mathbf{X} - \hat{\mu}\mathbf{1})' \frac{1}{\gamma_o} \hat{\Sigma}] \text{, d.h.}$$

$$\mathrm{tr}[\hat{\Sigma}\mathbf{B}_i] = \mathrm{tr}[\hat{\Sigma}^{-1}\mathbf{B}_i(\mathbf{X}-\hat{\mu}\mathbf{1})(\mathbf{X}-\hat{\mu}\mathbf{1})'\,\hat{\Sigma}] \quad .$$

Unter Beachtung von $\mathrm{tr}[\Sigma^{-1}\mathbf{V}\Sigma] = \mathrm{tr}\mathbf{V}$ erhält man

$$\mathrm{tr}[\hat{\Sigma}\mathbf{B}_i] = \mathrm{tr}[\mathbf{B}_i(\mathbf{X}-\hat{\mu}\mathbf{1})(\mathbf{X}-\hat{\mu}\mathbf{1})'] \quad .$$

Daraus berechnet man

$$T\hat{\gamma}_o = \sum_{t=1}^{T}(X_t-\hat{\mu})^2 \qquad \text{für } i = 0 \text{ , und}$$

$$2(T-i)\hat{\gamma}_i = 2\sum_{t=1}^{T-i}(X_t-\hat{\mu})(X_{t+i}-\hat{\mu}) \qquad \text{für } i > 0 \quad .$$

Faßt man diese beiden Beziehungen zusammen, so ist

(7.3.8) $$\hat{\gamma}_\tau = \frac{1}{T-\tau}\sum_{t=1}^{T-\tau}(X_t-\hat{\mu})(X_{t+\tau}-\hat{\mu}) = \gamma^*_\tau \qquad \tau = 0,1,\dots,m \ .$$

Die Maximum-Likelihood-Schätzung und die konventionelle Schätzung (7.3.4) stimmen bei Unabhängigkeit also auch hier überein.

Da die $m+2$ Likelihoodgleichungen nur in einem Spezialfall, wie gezeigt, nach $\hat{\Sigma}$ bzw. $\hat{\gamma}_\tau$ aufgelöst werden können, wird im Folgenden nur noch die erste der beiden Gleichungen (7.1.8) [d.h. (7.3.1)] betrachtet. Es wird jetzt vorausgesetzt, daß $\mathbf{\Sigma}$ bekannt ist.

Verallgemeinerte Kleinstquadrate - Schätzung (GLS)

Die Maximum-Likelihood-Schätzung für $\mu$ aus (7.1.8), d.h.

$$\hat{\mu} = (\mathbf{1}'\Sigma^{-1}\mathbf{1})^{-1}\mathbf{1}'\Sigma^{-1}\mathbf{X} \quad ,$$

ist gleich der GLS-Schätzung für $\mu$ aus dem linearen Modell

(7.3.9) $$\mathbf{X} = \mathbf{1}\mu + \mathbf{u} \quad \text{mit}$$

$$E[\mathbf{u}] = \mathbf{0} \quad \text{und} \quad E[\mathbf{uu}'] = \Sigma \text{ , d.h.}$$

autokorrelierten Störgrößen $\mathbf{u}$ [cf. Johnston (1963), S. 179 ff.].

Die Schätzfunktion $\hat{\mu}$ ist die beste linear unverzerrte Schätzfunktion [BLUE]. Sie ist sogar varianzminimale unverzerrte Schätzfunktion [MVUE], wenn man annimmt, daß in (7.3.9) der Störterm $\mathbf{u} \sim N(\mathbf{0},\Sigma)$ und $\mathbf{X} \sim N(\mu\mathbf{1},\Sigma)$ verteilt sind [cf. Zacks (1971), S. 156].

Erwartungswerte

Es ist $$E[\mu^*] = \frac{1}{T}\sum_{t=1}^{T} E[X_t] = \mu \quad \text{und}$$

$$E[\hat{\mu}] = (\mathbf{1}'\Sigma^{-1}\mathbf{1})^{-1}\mathbf{1}'\Sigma^{-1} E[\mathbf{X}] = \mu \quad .$$

Beide Schätzfunktionen sind also unverzerrt.

Varianzen

Unter Verwendung von (7.3.3) in der Form $\mu^* = \frac{1}{T}\mathbf{1}'\mathbf{X}$ ist

$$\text{Var}[\mu^*] = E[(\tfrac{1}{T}\mathbf{1}'\mathbf{X}-\mu)(\tfrac{1}{T}\mathbf{1}'\mathbf{X}-\mu)'] .$$

Ausklammern von $\frac{1}{T}$ und beachten, daß $\mathbf{1}'\mathbf{1} = T$ ist, liefert

$$\text{Var}[\mu^*] = \frac{1}{T^2} E[\mathbf{1}'(\mathbf{X}-\mu\mathbf{1})(\mathbf{X}-\mu\mathbf{1})'\mathbf{1}]$$

$$= \frac{1}{T^2} \mathbf{1}'E[(\mathbf{X}-\mu\mathbf{1})(\mathbf{X}-\mu\mathbf{1})']\mathbf{1}. \quad \text{Also ist}$$

(7.3.10) $$\mathrm{Var}[\mu^*] = \frac{\mathbf{1}'\Sigma\mathbf{1}}{T^2} \quad .$$

Dieses Resultat ist [in veränderter Schreibweise] schon im Abschnitt 3.2 erzielt worden [cf. die Beziehungen (3.2.3) und (3.2.2) auf Seite 37]. Und nur im Falle unkorrelierter Zufallsvariabler $X_t$, der in der Zeitreihenanalyse selten auftritt, ist mit (7.3.5)

$$\mathrm{Var}[\mu^*] = \frac{\gamma_o \mathbf{1}' I_T \mathbf{1}}{T^2} = \frac{\gamma_o}{T} \quad .$$

Ist der Prozeß jedoch überwiegend positiv autokorreliert, ist auch $\mathrm{Var}[\mu^*] > \gamma_o/T$ .

Analog findet man für die Maximum-Likelihood-Schätzfunktion $\hat{\mu}$

$$\mathrm{Var}[\hat{\mu}] = E[((\mathbf{1}'\Sigma^{-1}\mathbf{1})^{-1}\mathbf{1}'\Sigma^{-1}\mathbf{X}-\mu)((\mathbf{1}'\Sigma^{-1}\mathbf{1})^{-1}\mathbf{1}'\Sigma^{-1}\mathbf{X}-\mu)']$$

$$= (\mathbf{1}'\Sigma^{-1}\mathbf{1})^{-2}\ E[(\mathbf{1}'\Sigma^{-1}\mathbf{X}-\mathbf{1}'\Sigma^{-1}\mathbf{1}\mu)(\mathbf{1}'\Sigma^{-1}\mathbf{X}-\mathbf{1}'\Sigma^{-1}\mathbf{1}\mu)']$$

$$= (\mathbf{1}'\Sigma^{-1}\mathbf{1})^{-2}\mathbf{1}'\Sigma^{-1}E[(\mathbf{X}-\mu\mathbf{1})(\mathbf{X}-\mu\mathbf{1})']\Sigma^{-1}\mathbf{1} \ .$$ Also ist

(7.3.11) $$\mathrm{Var}[\hat{\mu}] = (\mathbf{1}'\Sigma^{-1}\mathbf{1})^{-1} \quad .$$

Wiederum ist nur im Falle unkorrelierter Zufallsvariabler mit (7.3.5)

$$\mathrm{Var}[\hat{\mu}] = (\mathbf{1}'\frac{1}{\gamma_o} I_T\ \mathbf{1})^{-1} = \frac{\gamma_o}{T} = \mathrm{Var}[\mu^*] \quad .$$

Die Schätzfunktionen $\mu^*$ und $\hat{\mu}$ gehören beide zur Klasse der linearen unverzerrten Schätzfunktionen [LUE]. Da $\hat{\mu}$ BLUE ist, gilt

$$\mathrm{Var}[\mu^*] \geq \mathrm{Var}[\hat{\mu}] \qquad \text{und damit}$$

(7.3.12) $$\mathbf{1}'\Sigma\mathbf{1}\mathbf{1}'\Sigma^{-1}\mathbf{1} \geq T^2 \quad .$$

Diese interessante Beziehung sagt aus, daß die Summe aller Elemente einer Kovarianzmatrix $\Sigma$ multipliziert mit der Summe der Elemente der Inversen $\Sigma^{-1}$ größer oder gleich $T^2$ ist.

Die Gültigkeit dieser Aussage sieht man auch leicht so: zu jeder positiv semidefiniten Matrix $\Sigma$ gibt es eine Matrix $\mathbf{B}$ so, daß $\Sigma = \mathbf{B}'\mathbf{B}$ ist. Wendet man die Cauchy-Schwarz'sche Ungleichung für die Spaltenvektoren $\mathbf{u},\mathbf{v}$ , also

$$(\mathbf{v}'\mathbf{v})(\mathbf{u}'\mathbf{u}) \geq (\mathbf{u}'\mathbf{v})^2$$

auf die Spaltenvektoren $\mathbf{u} = (\mathbf{B}^{-1})'\mathbf{1}$ und $\mathbf{v} = \mathbf{B1}$ an, so ist [cf. Rao (1973), S. 54]:

$$(\mathbf{1}'\mathbf{B}'\mathbf{B1})(\mathbf{1}'\mathbf{B}^{-1}(\mathbf{B}^{-1})'\mathbf{1}) \geq (\mathbf{1}'\mathbf{B}^{-1}\mathbf{B1})^2 \quad , \text{d.h.}$$

$$\mathbf{1}'\Sigma\mathbf{1}\ \mathbf{1}'\Sigma^{-1}\mathbf{1} \geq T^2 \qquad \text{q.e.d.}$$

## 7.4 Numerische Ergebnisse

### Vorbemerkungen

Zur Anwendung des Verfahrens der festen Ableitungen und der Methode des scoring konnte auf bereits existierende Rechenprogramme nicht zurückgegriffen werden. Die Programme sind deshalb eigens geschrieben worden. Wie insbesondere die Beziehungen (7.2.9) und (7.2.10) zeigen, sind zur praktischen Anwendung beider Verfahren in jedem Iterationsschritt umfangreiche Matrix-

und Vektoroperationen notwendig. Es bot sich deshalb an, die Programme in APL [A Programming Language] zu schreiben, weil gerade diese Sprache für solche Operationen besonders prädestiniert ist [cf. Streitberg & Birkenfeld (1976)].

Darüber hinaus waren zur Anwendung dieser Verfahren zwei Vorfragen zu klären. Nämlich mit welchen Startwerten $\theta_1$ [cf. S. 145 ff.] die Iterationen begonnen werden sollten, und wie die Matrix $\mathbf{D}_k$ von Konstanten beim Verfahren der festen Ableitungen zu wählen ist.

Der Vektor der Startwerte $\boldsymbol{\theta}_1$ wurde hier durch konventionelle Schätzung bestimmt, d.h. $\mu$ und $\gamma_\tau$ wurden geschätzt durch

$$\overline{X} = \frac{1}{T}\sum_{t=1}^{T} X_t \qquad \text{und} \qquad c_\tau^1 = \frac{1}{T}\sum_{t=1}^{T-\tau}(X_t-\overline{X})(X_{t+\tau}-\overline{X}) \quad .$$

Da der Startvektor $\theta_1$ bei der Analyse simulierter als auch empirischer Reihen auf diese Weise bestimmt werden kann, wurde auf Experimente mit 'beliebigen' Startwerten verzichtet; zumal da beliebige Startwerte nach Beobachtungen von Jennrich & Sampson [(1976), S. 16] die Anzahl der erforderlichen Iterationsschritte erhöhen können.

Für die Matrix $\mathbf{D}_k$ von Konstanten wurde mit drei verschiedenen Varianten experimentiert:

Erstens wurde $\mathbf{D} = \Phi(\theta)$ gesetzt und die Fisher'sche Informationsmatrix $\Phi(\theta)$ nach (7.2.9) berechnet; wobei $\Sigma$ die [bei den hier durchgeführten Simulationsexperimenten bekannte] theoretische Kovarianzmatrix war, abkürzend also

$$\mathbf{D} = \Phi(\theta,\Sigma) \quad . \tag{7.4.1}$$

Zweitens wurde $\mathbf{D}$ analog zur ersten Variante berechnet. Jedoch wurde $\Sigma$ in (7.2.9) durch die konventionell geschätzte Kovarianzmatrix **S** ersetzt, d.h.

$$\mathbf{D} = \Phi(\theta, \mathbf{S}) \quad . \tag{7.4.2}$$

Drittens wurde die Einheitsmatrix **I** verwendet, um so Schätzungen nach (7.2.6) durchführen zu können, d.h.

$$\mathbf{D} = \mathbf{I} \quad . \tag{7.4.3}$$

Die so bestimmten Matrizen **D** blieben dann für alle Iterationsschritte unverändert.

Die zu analysierenden Zeitreihen $x_t$ wurden durch Simulation des allgemeinen linearen Prozesses [cf. S. 69 ff.]

$$X_t = a_1 X_{t-1} + \ldots + a_p X_{t-p} + \delta + U_t + b_1 U_{t-1} + \ldots + b_q U_{t-q}$$

erzeugt. Dabei sind

$$\delta = \mu(1 - \sum_{i=1}^{p} a_i) \qquad \text{und} \qquad U_t = v\varepsilon_t \quad .$$

Die $\varepsilon_t$ sind unabhängige N(0,1)-verteilte Zufallszahlen, die nach der von Box & Muller [(1959), S. 610] angegebenen Transformation aus den gleichverteilten Zufallszahlen, wie sie das APL-System zur Verfügung stellt, erzeugt wurden. Die autoregressiven Parameter $a_i$ wurden unter Beachtung der Stabilitätsbedingungen für $X_t$ gewählt. Die zur Erzeugung einer Zeitreihe $x_t$ notwendigen Anfangswerte wurden gleich $\mu$ gesetzt [cf. Fishman (1972)], die Reihe zunächst in der Länge P+T erzeugt [wobei P aus dem Intervall [51;100] zufällig gewählt ist] und dann die ersten P Werte der Zeitreihe $x_t$ abgeschnitten.
Eine große Anzahl von Zeitreihen mit verschiedenen Kombinationen

der Reihenlänge T, Mittelwert $\mu$, autoregressiven Parametern $a_i$ und moving average Komponenten $b_j$ wurde mit beiden Iterationsverfahren analysiert. Die Standardabweichung der Störterme $U_t$ war entweder o.5 oder 1.

## Ergebnisse

Das beim Schätzen von Mittelwerten und Autokovarianzfunktionen mit Hile des Verfahrens der festen Ableitungen und der Methode des scoring zu beobachtende Konvergenzverhalten und damit zusammenhängende Probleme sollen jetzt anhand von zwei Prozessen diskutiert werden [weitere numerische Ergebnisse sind in Birkenfeld (1976) mitgeteilt]. Die beiden Prozesse

(7.4.4) $X_t = U_t + U_{t-1} + \ldots + U_{t-5} - 4 \qquad v = 0.5 \qquad T = 20$

(7.4.5) $X_t = X_{t-1} - 0.4X_{t-2} + U_t + 0.4 \qquad v = 1 \qquad T = 30$ ,

also ein MA(5)- und ein AR(2)-Prozeß, wurden in der oben beschriebenen Art simuliert.

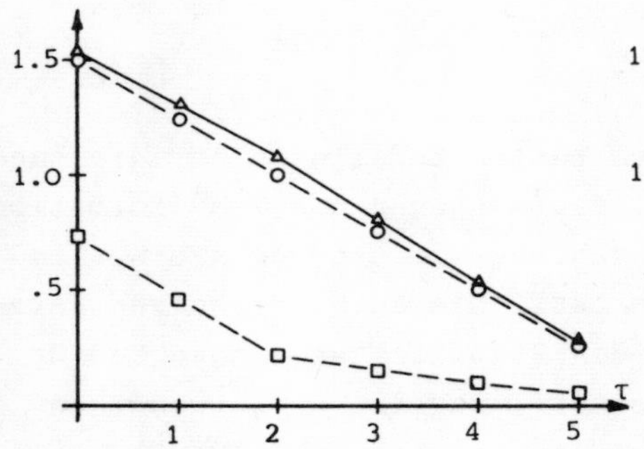


Abb. 7.1: Autokovarianzen für den Prozeß (7.4.4)

o— — —o theoretisch
□— — —□ konventionell
△———△ feste Ableitungen

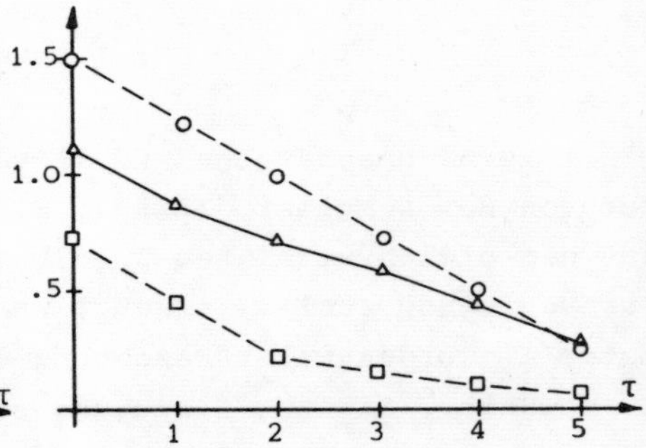


Abb. 7.2: Autokovarianzen für den Prozeß (7.4.4)

o— — —o theoretisch
□— — —□ konventionell
△———△ scoring

Für die nach (7.4.4) erzeugte Zeitreihe zeigt die Abbildung 7.1 die theoretischen (○), die konventionell geschätzten (□) und die nach der Methode der festen Ableitungen (△) mit $\mathbf{D} = \Phi(\theta,\Sigma)$ geschätzten Autokovarianzen nach der 2. Iteration. In der Abbildung 7.2 sind für dieselbe Reihe wiederum die theoretischen (○) und die konventionellen (□) sowie die nach der Methode des scoring (△) geschätzten Autokovarianzen nach der 27. Iteration dargestellt [Auf die Frage, wann die Iterationen abzubrechen sind, wird noch ausführlich eingegangen].

Der zum Teil beträchtliche Gewinn an Schätzgenauigkeit im Vergleich zu den konventionellen Schätzungen wird durch die folgende Tabelle 7.1 bestätigt, in der neben den Mittelwertschätzungen die Werte der zu maximierenden Loglikelihoodfunktion $L(\theta|\mathbf{x})$ [cf. Beziehung (7.1.6) auf S. 142] für die Parametervektoren $\theta$ eingetragen sind.

| | theoretisch | konventionell | feste Ableitungen | Methode des scoring |
|---|---|---|---|---|
| Mittel | -4.000 | -4.638 | -4.816 | -4.633 |
| $L(\theta\|\mathbf{x})$ | .088 | -0.539 | 2.422 | 16.624 |

Tab. 7.1: Mittelwerte und Werte der Likelihoodfunktion für den Prozeß (7.4.4)

Die mit beiden Iterationsverfahren geschätzten Momente zeigen, mit Ausnahme des Wertes -4.816 , eine klare Tendenz in Richtung auf die theoretischen Momente. Das kommt auch im Ansteigen der Werte der Likelihoodfunktion zum Ausdruck.

Die Frage, wann die Iterationen abzubrechen sind, ist für beide Iterationsverfahren nicht schwer zu beantworten, solange die theoretischen Momente bekannt sind. Hat man jedoch die theoretischen Momente als Vergleichsgrößen nicht zur Verfügung, so werden nach jedem Iterationsschritt zusätzliche Kontrollrechnungen erforderlich. Bei den hier durchgeführten Schätzungen können nach jedem Iterationsschritt die Werte der Likelihoodfunktion für die nach dem Verfahren der festen Ableitungen und nach der Methode des scoring geschätzten Parametervektoren $\boldsymbol{\theta}$ berechnet werden.

Darüber hinaus kann nach jedem Iterationsschritt überprüft werden, ob die geschätzten Parametervektoren in dem Sinne innerhalb des zulässigen Parameterbereichs liegen, daß die geschätzte Kovarianzmatrix positiv semidefinit ist. Die Überprüfung der Definitheit wird durch Berechnung aller Hauptabschnittsdeterminanten der Kovarianzmatrix vorgenommen. Auf die Bestimmung der Eigenwerte dieser (T;T)-Matrix wurde verzichtet, weil Rechenprogramme dafür erhebliche Rechenzeiten in Anspruch nehmen.

Als dritte Kontrollmöglichkeit für den Ablauf der Iterationen können nach jedem Schritt die efficient scores ausgedruckt werden. Als efficient score war [cf. S. 147] war im Abschnitt 7.2 die Größe $\partial L(\boldsymbol{\theta}_k)/\partial\boldsymbol{\theta}$ aus der Beziehung (7.2.3) definiert. Maximum-Likelihood-Schätzwert ist dann derjenige Wert für $\boldsymbol{\theta}$, für den der efficient score null ist.

Aus theoretischer Sicht erscheinen diese drei Kontrollinstrumente überzeugend und auch leicht handhabbar. In der praktischen Anwendung jedoch ergeben sich Interpretationschwierigkeiten, für die sich im wesentlichen drei Gründe nennen lassen:

Erstens werden die Likelihoodgleichungen approximativ gelöst. Die Approximationsfolge der $\boldsymbol{\theta}_k$ zeigt bei den hier untersuchten kurzen Zeitreihen Unregelmäßigkeiten, die auf Stichprobenschwankungen beruhen. Diese Unregelmäßigkeiten führen dann auch dazu, daß die Werte der Likelihoodfunktion $L(\boldsymbol{\theta}_k|\mathbf{x})$ dieselben Unregelmäßigkeiten aufweist.

Zweitens ergeben sich bei der Kontrolle der Definitheit der Kovarianzmatrix numerische Schwierigkeiten. Zum Beispiel habe eine Hauptabschnittsdeterminante der Kovarianzmatrix den Wert a mit $a \in [-\varepsilon;0]$ und $\varepsilon > 0$ . Dann entsteht die Frage, wie groß $\varepsilon$ sein darf, damit a 'praktisch' null, d.h. die Kovarianzmatrix noch positiv semidefinit, ist. Hier wurde $\varepsilon = 10^{-5}$ gewählt.

Drittens ist die Betrachtung der efficient scores als Abbruchkriterium für den Iterationsprozeß wegen der Unregelmäßigkeiten der $\theta_k$ insofern unsicher, als die scores bei den hier durchgeführten Iterationen praktisch nie null waren.

Die hier praktizierte Vorgehensweise soll am Beispiel der nach der Beziehung (7.4.4) erzeugten Zeitreihe für das Verfahren der festen Ableitungen demonstriert werden. Die Schätzergebnisse nach der 2. Iteration waren in der Abbildung 7.1 und der Tabelle 7.1 angegeben. Die folgende Tabelle 7.2 gibt die beschriebenen drei Kontrollgrößen für die 2., die 3. und die 9. Iteration.

| | Iteration | | |
|---|---|---|---|
| | 2. | 3. | 9. |
| Scores | -0.2<br>-10.5<br>-1.5<br>22.2<br>-13.7<br>7.4<br>3.5 | -0.2<br>-186.9<br>127.1<br>123.6<br>-127.8<br>143.7<br>58.1 | -0.1<br>-7.2<br>7.6<br>-2.9<br>4.9<br>-2.7<br>4.1 |
| $L(\theta_k \mid \mathbf{x})$ | 2.422 | 1.019 | -16.948 |
| im zulässigen Parameter-bereich? | ja | nein | ja |

Tab. 7.2: Kontrollgrößen für den Prozeß (7.4.4). Feste Ableitungen

Es zeigt sich, daß die Folge der $\theta_k$, nach einem einmal gefundenen Maximum von $L(\theta_k)$ [nach dem 2. Schritt], in Richtung eines Minimums wandern kann. Das Erreichen eines Minimums der Likelihoodfunktion ist prinzipiell möglich, weil nach (7.1.7) in die Lösung der Likelihoodgleichungen nur die notwendigen nicht aber auch die hinreichenden Bedingungen für ein Maximum eingehen. Daß ein einmal erreichter Extremwert im Verlauf der Iterationen wieder verlassen werden kann, liegt an der geschilderten Unregelmäßigkeit der Folge der $\theta_k$.

Für die nach (7.4.5) erzeugte Zeitreihe wurden mit der Methode des scoring nach 6 Iterationen stabile Schätzungen erreicht. Die geschätzten Parameter lagen innerhalb des zulässigen Bereichs. Die scores variierten zwischen -3.8 und 3.3 . In der folgenden Tabelle 7.3 sind die Mittelwertschätzungen und die Werte der Likelihoodfunktion zusammengestellt.

| | theoretisch | konventionell | Methode des scoring |
|---|---|---|---|
| Mittel | 1.000 | .734 | .777 |
| $L(\theta\|\mathbf{x})$ | -18.533 | -16.609 | -15.483 |

Tab. 7.3: Mittelwerte und Werte der Likelihoodfunktion für den Prozeß (7.4.5)

In der Abbildung 7.3 sind die theoretischen (○), die konventionell geschätzten (□) und die nach der Methode des scoring (△) geschätzten Autokovarianzen nach der 6. Iteration wiedergegeben. Der Gewinn an Schätzgenauigkeit ist hier, wegen der besseren konventionellen Schätzungen als Startwert für die Iterationen, deutlich geringer als bei dem vorher betrachteten Beispiel. Das kommt auch in der nur geringfügigen Zunahme des Werts der Likelihoodfunktion in Tabelle 7.3 zum Ausdruck.

Das Verfahren der festen Ableitungen lieferte für die nach (7.4.5) erzeugte Zeitreihe bei allen drei Matrizen **D** von Konstanten, wie sie in den Beziehungen (7.4.1) bis (7.4.3) angegeben wurden, stabile Minima der Likelihoodfunktion. Die erzielten Parameterschätzungen lagen weit weg von den theoretischen

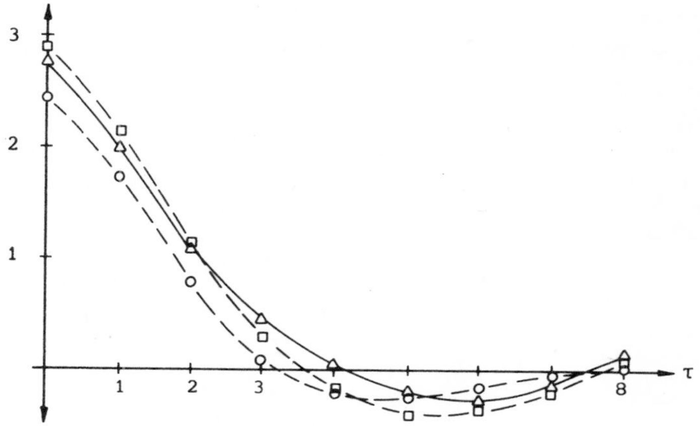


Abb. 7.3: Autokovarianzen für den Prozeß (7.4.5)

o— — —o theoretisch
□— — —□ konventionell
△———△ scoring

Momenten und lagen außerdem in keinem Fall im zulässigen Parameterbereich. Die vorher beschriebenen Kontrollgrößen [S. 160] sind in der Tabelle 7.4 zusammengestellt. Der Wert für $L(\boldsymbol{\theta}_3|\mathbf{x})$ bei $\mathbf{D} = \Phi(\theta,\Sigma)$ war nicht berechenbar, weil die Determinante der geschätzten Kovarianzmatrix den Wert $-4.68 \cdot 10^{53}$ hatte.

| | | | Iteration | | |
|---|---|---|---|---|---|
| | theor. | konv. | 3. $\Phi(\theta,\Sigma)$ | 9. $\Phi(\theta,\mathbf{S})$ | 3. $\mathbf{I}$ |
| Scores | | | .0<br>-0.1<br>.0<br>.0<br>.2<br>.0<br>-0.3<br>.1<br>.3<br>.0 | .0<br>.1<br>-0.1<br>.0<br>.0<br>.0<br>.0<br>-0.1<br>.1<br>-0.1 | -0.1<br>.4<br>.2<br>-0.4<br>.2<br>.2<br>-0.3<br>.1<br>.4<br>-0.4 |
| $L(\boldsymbol{\theta}_k\|\mathbf{x})$ | -18.533 | -16.609 | n.b. | -83.476 | -57.197 |
| im zulässigen Parameterbereich? | ja | ja | nein | nein | nein |

Tab. 7.4: Kontrollgrößen für den Prozeß (7.4.5). Feste Ableitungen

Zusammenfassend läßt sich sagen, daß sowohl mit dem Verfahren der festen Ableitungen als auch mit der Methode des scoring gute Parameterschätzungen erzielbar sind. Der Gewinn an Schätzgenauigkeit im Vergleich zu konventionellen Schätzungen ist zum Teil beträchtlich. Beim Verfahren der festen Ableitungen scheinen die Beziehungen (7.4.1) und (7.4.2), d.h. $\mathbf{D} = \Phi(\theta,\Sigma)$ und $\mathbf{D} = \Phi(\theta,\mathbf{S})$ , für die Matrix **D** von Konstanten sinnvolle Annahmen zu sein [für die Analyse empirischer Zeitreihen ist $\Phi(\theta,\Sigma)$ allerdings irrelevant]. Die Beziehung (7.4.3), d.h. $\mathbf{D} = \mathbf{I}$ , brachte allgemein keine guten Schätzergebnisse.

Beide Iterationsverfahren haben im wesentlichen zwei Nachteile. Einmal ist die Frage, wann die Iterationen abzubrechen sind, mit gewissen Unsicherheiten behaftet, wenn die theoretischen Momente als Vergleichsgrößen nicht herangezogen werden sollen oder können. Zum anderen muß der erzielbare Gewinn an Schätzgenauigkeit mit erheblichen Rechenzeiten erkauft werden, wie im folgenden Abschnitt gezeigt wird.

## Rechenzeiten

Die im vorangegangenen Abschnitt vorgestellten Schätzergebnisse sind, in APL programmiert, auf einer SIEMENS 4004/151 G gerechnet worden.

Zum Vergleich der CPU-Zeiten zwischen konventionellen Schätzungen einerseits und Schätzungen nach dem Verfahren der festen Ableitungen und der Methode des scoring andererseits wurden aus Zeitreihen der Länge T jeweils der Mittelwert und die Autokovarianzen $\gamma_o, \gamma_1, \dots, \gamma_m$ bei konstantem Verhältnis $m/T = o.2$ geschätzt.

In der Abbildung 7.4 sind die CPU-Zeiten für die konventionellen Schätzungen [zum verwendeten Algorithmus cf. Streitberg & Birkenfeld (1976)] dargestellt. Die Abbildung 7.5 enthält die

CPU-Zeiten für die 1. Iteration des Verfahrens der festen Ableitungen und der Methode des scoring [das Programm ist so geschrieben, daß nach beiden Verfahren gleichzeitig geschätzt wird]. In den CPU-Zeiten der Abbildung 7.5 sind die Zeiten für die Kontrollrechnungen des Iterationsprozesses [cf. S. 160] nicht enthalten.

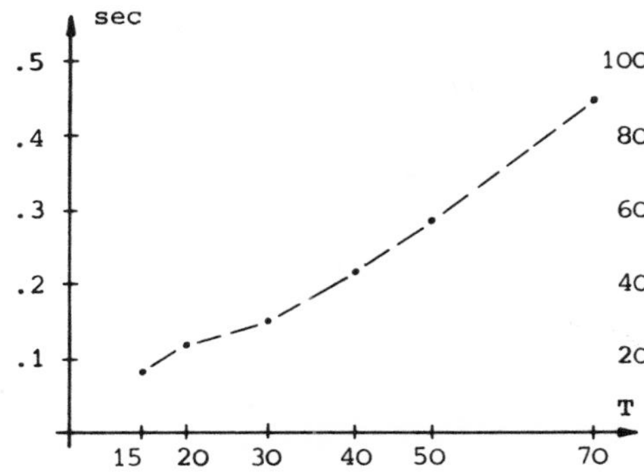


Abb. 7.4: CPU-Zeiten für konventionelle Schätzungen

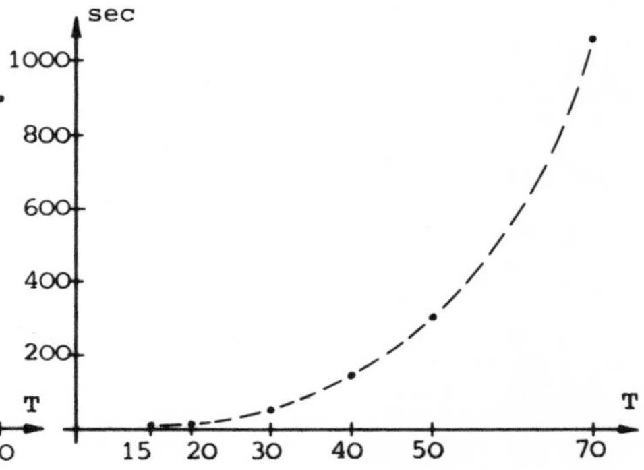


Abb. 7.5: CPU-Zeiten für iterative Schätzungen

Ein Vergleich der beiden Abbildungen zeigt, daß z.B. bei einer Reihenlänge von $T = 50$ und damit $m = 10$ allein die 1. Iteration der beiden Iterationsverfahren mehr als 1000-mal soviel CPU-Zeit erfordert wie die konventionellen Schätzungen. Bei $T = 70$ steigt dieses Verhältnis schon auf das 2370-fache an. Aus diesem Grunde sind mit den beiden Iterationsverfahren dann auch nur Zeitreihen der Länge $T \leq 50$ untersucht worden.

## 7.5 Matrizen- und Determinanten - Ableitungen

Zum Abschluß dieses 7. Kapitels sind hier noch die wichtigsten Beziehungen für die Spur [e.g. Rao (1973), S. 33 ff.] quadratischer Matrizen $\mathbf{V}$, $\boldsymbol{\Sigma}$ sowie Ableitungen von Determinanten und

Matrizen [cf. Dwyer & MacPhail (1948), S. 527; Dwyer (1967), S. 607 ff.] zusammengestellt. Diese Beziehungen werden bei der Maximierung der Likelihoodfunktion (7.1.6) und der Taylorreihenentwicklung dieser Funktion zur approximativen Lösung der Likelihoodgleichungen (7.1.7) benötigt.

Spur

Für die Spur quadratischer Matrizen $\mathbf{V}, \Sigma$ gilt

$$\text{tr } [\mathbf{V} + \Sigma] = \text{tr } \mathbf{V} + \text{tr } \Sigma \qquad \text{tr } [\mathbf{c}\mathbf{c}'\mathbf{V}] = \mathbf{c}'\mathbf{V}\mathbf{c}$$

$$\text{tr } [\Sigma^{-1}\mathbf{V}\Sigma] = \text{tr } \mathbf{V} \qquad \text{tr } [\mathbf{V}\Sigma] = \text{tr } [\Sigma\mathbf{V}]$$

Hilfssätze

Für reguläre Matrizen $\mathbf{V}$ gilt

$$\frac{\partial|\mathbf{V}|}{\partial\mathbf{V}} = \left(\frac{\partial|\mathbf{V}|}{\partial\mathbf{v}_{ij}}\right) = |\mathbf{V}|\mathbf{V}^{-1'}$$

$$\frac{\partial\log|\mathbf{V}|}{\partial\mathbf{V}} = \frac{1}{|\mathbf{V}|}|\mathbf{V}|\mathbf{V}^{-1'} = \mathbf{V}^{-1'}$$

Sei $\Sigma$ wie in (7.1.2) definiert, d.h.

$$\Sigma = \gamma_o\mathbf{B}_o + \gamma_1\mathbf{B}_1 + \ldots + \gamma_m\mathbf{B}_m \text{ . Dann ist}$$

$$\frac{\partial\log|\Sigma|}{\partial\gamma_i} = \text{tr}\left[\left(\frac{\partial\log|\Sigma|}{\partial\Sigma}\right)\left(\frac{\partial\Sigma}{\partial\gamma_i}\right)'\right] = \text{tr}[\Sigma^{-1}\mathbf{B}_i]$$

$$\frac{\partial\Sigma^{-1}}{\partial\gamma_i} = -\Sigma^{-1}\frac{\partial\Sigma}{\partial\gamma_i}\Sigma^{-1} = -\Sigma^{-1}\mathbf{B}_i\Sigma^{-1}$$

$$\frac{\partial \mathbf{c}'\Sigma^{-1}\mathbf{c}}{\partial \Sigma^{-1}} = \mathbf{c}\mathbf{c}'$$

$$\frac{\partial \mathbf{c}'\Sigma^{-1}\mathbf{c}}{\partial \gamma_i} = \operatorname{tr}[(\frac{\partial \mathbf{c}'\Sigma^{-1}\mathbf{c}}{\partial \Sigma^{-1}})(\frac{\partial \Sigma^{-1}}{\partial \gamma_i})']$$

$$= \operatorname{tr}[-\mathbf{c}\mathbf{c}'\Sigma^{-1}\mathbf{B}_i\Sigma^{-1}] = -\mathbf{c}'\Sigma^{-1}\mathbf{B}_i\Sigma^{-1}\mathbf{c}$$

$$\frac{\partial \operatorname{tr}[\mathbf{c}\Sigma^{-1}\mathbf{b}]}{\partial \gamma_i} = -\operatorname{tr}[\mathbf{c}\Sigma^{-1}\mathbf{B}_i\Sigma^{-1}\mathbf{b}]$$

Ableitungen der Likelihoodfunktion

Mit den Spur-Beziehungen und diesen Hilfssätzen lassen sich alle benötigten Ableitungen der Likelihoodfunktion (7.1.6), d.h.

$$L(\theta|\mathbf{x}) = -\frac{1}{2}\log|\Sigma| - \frac{1}{2}(\mathbf{x}-\mu\mathbf{1})'\Sigma^{-1}(\mathbf{x}-\mu\mathbf{1}) ,$$

angeben. Die Ableitungen sind

$$\frac{\partial L}{\partial \mu} = \mathbf{1}'\Sigma^{-1}\mathbf{x} - \mu\mathbf{1}'\Sigma^{-1}\mathbf{1} = \mathbf{1}'\Sigma^{-1}(\mathbf{x}-\mu\mathbf{1}) = \operatorname{tr}[\Sigma^{-1}(\mathbf{x}-\mu\mathbf{1})\mathbf{1}']$$

$$\frac{\partial^2 L}{\partial \mu^2} = -\mathbf{1}'\Sigma^{-1}\mathbf{1} = -\operatorname{tr}[\Sigma^{-1}\mathbf{1}\mathbf{1}']$$

$$\frac{\partial^2 L}{\partial \mu \partial \gamma_i} = \frac{\partial^2 L}{\partial \gamma_i \partial \mu} = \mu\mathbf{1}'\Sigma^{-1}\mathbf{B}_i\Sigma^{-1}\mathbf{1} - \mathbf{1}'\Sigma^{-1}\mathbf{B}_i\Sigma^{-1}\mathbf{x} =$$

$$= -\mathbf{1}'\Sigma^{-1}\mathbf{B}_i\Sigma^{-1}(\mathbf{x}-\mu\mathbf{1}) = -\operatorname{tr}[\Sigma^{-1}\mathbf{B}_i\Sigma^{-1}(\mathbf{x}-\mu\mathbf{1})\mathbf{1}']$$

$$\frac{\partial L}{\partial \gamma_i} = -\frac{1}{2}\,\mathrm{tr}[\Sigma^{-1}\mathbf{B}_i] + \frac{1}{2}\,(\mathbf{x}-\mu\mathbf{1})'\Sigma^{-1}\mathbf{B}_i\Sigma^{-1}(\mathbf{x}-\mu\mathbf{1}) =$$

$$= -\frac{1}{2}\,\mathrm{tr}[\Sigma^{-1}\mathbf{B}_i] + \frac{1}{2}\,\mathrm{tr}[(\mathbf{x}-\mu\mathbf{1})(\mathbf{x}-\mu\mathbf{1})'\Sigma^{-1}\mathbf{B}_i\Sigma^{-1}] =$$

$$= -\frac{1}{2}\,\mathrm{tr}[\Sigma^{-1}\mathbf{B}_i\{\,I - \Sigma^{-1}(\mathbf{x}-\mu\mathbf{1})(\mathbf{x}-\mu\mathbf{1})'\}]$$

$$\frac{\partial^2 L}{\partial \gamma_i \partial \gamma_j} = \frac{1}{2}\,\mathrm{tr}[\Sigma^{-1}\mathbf{B}_j\Sigma^{-1}\mathbf{B}_i] - \frac{1}{2}(\mathbf{x}-\mu\mathbf{1})'\{\Sigma^{-1}\mathbf{B}_i\Sigma^{-1}\mathbf{B}_j\Sigma^{-1} +$$

$$+ \Sigma^{-1}\mathbf{B}_j\Sigma^{-1}\mathbf{B}_i\Sigma^{-1}\}(\mathbf{x}-\mu\mathbf{1})$$

$$= \frac{1}{2}\,\mathrm{tr}[\Sigma^{-1}\mathbf{B}_j\Sigma^{-1}\mathbf{B}_i] - \mathrm{tr}[(\mathbf{x}-\mu\mathbf{1})(\mathbf{x}-\mu\mathbf{1})'\Sigma^{-1}\mathbf{B}_j\Sigma^{-1}\mathbf{B}_i\Sigma^{-1}]$$

$$= \mathrm{tr}[\Sigma^{-1}\mathbf{B}_j\Sigma^{-1}\mathbf{B}_i\{\tfrac{1}{2}I - \Sigma^{-1}(\mathbf{x}-\mu\mathbf{1})(\mathbf{x}-\mu\mathbf{1})'\}]$$

## 8. Zusammenfassung

Die verschiedenen Schätzmethoden der Zeitreihenanalyse, so wie sie hier beschrieben und angewendet wurden, haben alle eine gemeinsame Grundlage: Zeitreihen werden als Realisationen von stochastischen Prozessen aufgefaßt. Für die Prozesse wird schwache Stationarität vorausgesetzt, d.h. die Momentfunktionen erster und zweiter Ordnung [Abschnitt 2.5] unterliegen keinen Veränderungen im Zeitablauf. Das Ziel der Zeitreihenanalyse besteht dann darin, aus konkret vorliegenden Zeitreihen endlicher Länge diejenigen Beziehungen zu schätzen, die den erzeugenden Prozeß charakterisieren bzw. mit deren Hilfe sich der Prozeß beschreiben läßt.

In der vorliegenden Arbeit wird von den Beziehungen, die einen stochastischen Prozeß festlegen, insbesondere das Schätzen der Momentfunktionen 2. Ordnung (Analyse im Zeitbereich), d.h. die Autokovarianz- und die Autokorrelationsfunktion, und das Schätzen der Spektraldichte (Analyse im Frequenzbereich) behandelt. Und zwar unter dem Gesichtspunkt des Schätzens aus kurzen Zeitreihen.

Die analytische Untersuchung der statistischen Eigenschaften [Abschnitt 3.1] der bisher verwendeten Schätzfunktionen [Abschnitt 3.2] für Momentfunktionen ergibt, daß nicht nur bei abnehmender Länge der Zeitreihe sondern auch bei zunehmender positiver Autokorrelation von Reihen, und das ist bisher weitgehend unerkannt geblieben, diese Eigenschaften zunehmend schlechter werden. Konkret: die Effizienz der Schätzfunktionen nimmt ab und ihr mittlerer quadratischer Fehler nimmt zu. Speziell ökonomische Zeitreihen fallen aber in diese beiden kritischen Bereiche, da sie meist sehr kurz und oft auch [Granger (1966), S. 150 ff.] positiv autokorreliert sind.

Ausgehend von dieser Situation werden auf zwei verschiedenen Wegen die Möglichkeiten untersucht, die zu verbesserten Schätzungen führen könnten: Neben der praktischen Anwendung von Maximum-Likelihood-Schätzungen [7. Kapitel] wurden neue Schätzfunktionen [Abschnitt 3.3] so konstruiert, daß (in der Zeitreihe enthaltene) Informationen über die Autokorrelation eines Prozesses beim Schätzen mehr als bisher berücksichtigt werden. Zunächst sei auf die Ergebnisse dieses Weges eingegangen.

Die im Abschnitt 3.3 angegebenen neuen Schätzfunktionen erfordern eine mehrstufige Schätzprozedur, da die in der Zeitreihe enthaltenen Informationen über die Autokorrelation des erzeugenden Prozesses zunächst ermittelt werden müssen. Dazu werden die herkömmlichen, als konventionell bezeichneten, Schätzverfahren benutzt. Die statistischen Eigenschaften dieser neuen Schätzfunktionen sind einer analytischen Untersuchung nicht voll zugängig und deshalb auf diesem Wege mit denen der konventionellen Schätzfunktionen auch nicht erschöpfend vergleichbar. Alle Schätzfunktionen wurden deshalb mit Hilfe eines Simulationsexperiments [4. Kapitel] miteinander verglichen. Resultat dieses Experiments [Abschnitte 4.4 und 5.1] ist, daß sich tatsächlich Funktionen angeben lassen, die den konventionellen Schätzfunktionen in den kritischen Bereichen, d.h. kurze oder überwiegend positiv autokorrelierte Prozesse, überlegen sind. Besonders bewährt haben sich 4 Funktionen, und zwar zwei Autokovarianz- und zwei Autokorrelationsschätzfunktionen.

Im 5. Kapitel werden die 'kritischen Bereiche' präziser gefaßt in der Absicht, sie so in Regionen aufzuteilen, daß in jeweils einer Region jeweils eine Schätzfunktion im Vergleich zu den anderen die [im Sinne der im Abschnitt 4.2 angegebenen Kriterien] besten Schätzergebnisse ermöglicht. Das statistische Instrumentarium für die Ermittlung dieser Regionen ist in den Abschnitten 5.2 bis 5.4 beschrieben. Die so gewonnenen Regionen sind in den Abbildungen 5.1 und 5.2 dargestellt.

Die Diskriminanzfunktionen zur Bestimmung der Regionen sind Funktionen der Reihenlänge und der Autokorrelation [gemessen mit Hilfe des Maßes (4.3.2)] des erzeugenden Prozesses. Als Folge davon stößt die praktische Anwendung einer bestimmten, je nach Region festgelegten, Schätzfunktion auf Zeitreihen, deren erzeugender Prozeß unbekannt ist, auf folgende Schwierigkeit: zur Ermittlung der besten Schätzfunktion, d.h. der zugehörigen Region, muß die Autokorrelation aus der vorliegenden Zeitreihe geschätzt werden. Schätzfehler können dabei besonders im Grenzbereich zweier Regionen die Auswahl der geeignetsten Schätzfunktion erschweren.

Das 6. Kapitel behandelt die Zeitreihenanalyse im Frequenzbereich; hier speziell die Punkte, die beim Schätzen von Spektraldichten schwach stationärer stochastischer Prozesse aus kurzen Zeitreihen beachtet werden müssen. Geschätzt wurde nur indirekt, d.h. auf dem Umweg über die Autokovarianz- oder Autokorrelationsfunktion, weil direktes Schätzen mit Hilfe der schnellen Fourier-Transformation nur bei sehr langen Zeitreihen Vorteile bietet [Edge & Liu (1970)].

Es wird gezeigt, daß das von Tukey vorgeschlagene Spektralfenster gegenüber dem in der Praxis am weitesten verbreiteten Parzenfenster beachtliche Vorteile beim Schätzen aus kurzen Zeitreihen bietet [Abschnitt 6.2]. Verwendet man das Tukeyfenster und die vorgeschlagenen neuen Momentenschätzfunktionen zum Schätzen von Spektraldichten, so lassen sich z.T. beträchtliche Gewinne an Schätzgenauigkeit erzielen. Numerische Ergebnisse dazu werden im Abschnitt 6.4 mitgeteilt.

Im 7. Kapitel schließlich wird der zweite Weg untersucht, der zu verbesserten Schätzungen führen kann. Das zentrale Problem bei der praktischen Anwendung der plausiblen und theoretisch gut fundierten Maximum-Likelihood-Schätzungen bildet die Lösung der Likelihoodgleichungen (7.1.8). Diese (nichtlinearen) Gleichungen sind so kompliziert, daß explizite Lösungen allgemein nicht angegeben werden können. Üblicherweise werden diese Gleichungen deshalb approximativ mit Hilfe von Iterationsverfahren gelöst.

Es werden drei iterative Lösungsverfahren (Verfahren von Newton-Raphson, Verfahren der festen Ableitungen und Methode des scoring) im Abschnitt 7.2 angegeben und zwei von ihnen praktisch angewendet [Abschnitt 7.4]. Im Vergleich zu den konventionellen Schätzverfahren lassen sich deutlich genauere Schätzergebnisse erzielen; allerdings nur um den Preis recht erheblicher Rechenzeiten, die exponentiell mit der Zeitreihenlänge zunehmen. Die Frage, wann der Iterationsprozeß abzubrechen ist, war, obwohl sich theoretisch gut fundierbare Abbruchkriterien angeben lassen, wegen numerischer Probleme nicht immer eindeutig beantwortbar [Abschnitt 7.4].

## Literatur - Verzeichnis


AHRENS H. & J. LÄUTER (1974), Mehrdimensionale Varianzanalyse, Akademie-Verlag, Berlin

AIGNER D.I. (1971), A compendium on estimation of the autoregressive moving average model from time series data, International Economic Review, 12, 348-371

AKAIKE H. (1973), Block Toeplitz matrix inversion, Siam J. Appl. Math., 24, 234-241

AKAIKE H. (1973), Maximum likelihood identification of Gaussian autoregressive moving average models, Biometrika, 60, 255-265

AMEMIYA T. (1973), Generalised least squares with an estimated autocovariance matrix, Econometrica, 41, 723-732

ANDERSON O.D. (1975), Moving average processes, Statistician, 24, 283-297

ANDERSON T.W. (1964), An introduction to multivariate statistical analysis, 4th pr., John Wiley, New York

ANDERSON T.W. (1971), Time series analysis, John Wiley, New York

ANDERSON T.W. (1973), Asymptotically efficient estimation of covariance matrices with linear structure, Annals of Statistics, 1,1, 135-141

ANDERSON T.W. (1975), Maximum likelihood estimation of autoregressive processes with moving average residuals and other covariance matrices with linear structure, Annals of Statistics, 3,6, 1283-1304

ANDERSON T.W. & A.M. WALKER (1964), On the asymptotic distribution of the autocorrelations of a sample from a linear stochastic process, Ann. Math. Stat., 35,2, 1296-1303

BARNARD G.A. et al. (1962), Likelihood inference and time series, J. R. Statist. Soc., A,125, 321-372

BARTLETT M.S. (1946), On the theoretical specification and sampling properties of autocorrelated time-series, J. R. Statist. Soc., Supp.,8, 27-41 and 85-97 (plus corrections)

BARTLETT M.S. (1966), An introduction to stochastic processes with special reference to methods and applications, 2nd edn., Cambridge University Press

BHAPKAR V.P. (1961), A nonparametric test for the problem of several samples, Ann. Math. Stat., 32, 1108-1117

BHAPKAR V.P. (1966), Some nonparametric tests for the multivariate several sample location problem, in: KRISHNAIAH P.R. (ed.), Multivariate Analysis I, Academic Press, New York, 29-41

BIRKENFELD W. (1973), Zeitreihenanalyse bei Feedback-Beziehungen, Physica-Verlag, Würzburg

BIRKENFELD W. & P. NAEVE (1974), Programme zur bivariaten Zeitreihenanalyse, Diskussionsarbeit Nr. 1/1974 des Inst. f. Quant. Ökonomik u. Statistik an der Freien Universität Berlin, Berlin

BIRKENFELD W. (1975), Zur Schätzung von Spektren aus kurzen Zeitreihen, Diskussionsarbeit Nr. 6/1975 des Inst. f. Quant. Ökonomik u. Statistik an der Freien Universität Berlin, Berlin

BIRKENFELD W. (1976), Estimating the moment functions of stochastic processes by maximum likelihood procedures, in: COMPSTAT 1976, Physica- Verlag, Wien, 295-302

BLACKMAN R.B. & J.W. TUKEY (1959), The measurement of power spectra, Dover Publications Inc., New York

BLOOMFIELD P. (1976), Fourier analysis of time series, John Wiley, New York

BOX G.E.P. & G.M. JENKINS (1970), Time series analysis, forecasting and control, Holden-Day, San Francisco

BOX G.E.P. & M.E. MULLER (1958), A note on the generation of random normal deviates, Ann. Math. Stat., 29, 610-611

BRACEWELL R. (1965), The Fourier transform and its applications, McGraw-Hill Book Co., New York

BRILLINGER D.R. (1975), Time series, data analysis and theory, Holt, Rinehart and Winston Inc., New York

BRUCKMANN G. et al. (eds.), (1974), Proceedings in computational statistics (COMPSTAT 1974), Physica-Verlag, Wien

CACOULLOS T. (ed.), (1973), Discriminant analysis and applications, Academic Press, New York and London

CARSLAW H.S. (1950), An introduction to the theory of Fourier's series and integrals, 3rd edn., Dover Publications, New York

CHATFIELD C. (1975), The analysis of time series: theory and practice, Chapman and Hall, London

COCHRAN W.G. & G.M. COX (1964), Experimental designs, 2nd edn., 5th pr., John Wiley, New York

CONOVER W.J. (1971), Practical nonparametric statistics, John Wiley, New York

CONOVER W.J. (1973), Rank tests for one sample, two samples, and k samples without the assumption of a continuous distribution function, Annals of Statistics, 1,6, 1105-1125

CONWAY R.W. (1963), Some tactical problems in digital simulation, Management Sci., 10,1, 47-61

COOLEY W.W. & P.R. LOHNES (1971), Multivariate data analysis, John Wiley, New York

CORBEIL R.R. & S.R. SEARLE (1976), Restricted maximum likelihood (REML) estimation of variance components in the mixed model, Technometrics, 18,1, 31-38

COX D.R. (1964), Planning of experiments, 3rd pr., John Wiley, New York

COX D.R. & H.D. MILLER (1970), The theory of stochastic processes, reprint, Methuen, London

COX N.R. (1976), A note on the determination of the nature of turning points of likelihoods, Biometrika, 63,1, 199-200

CRADDOCK J.M. (1965), The analysis of meteorological time series for use in forecasting, Statistician, 15, 167-190

CRADDOCK J.M. (1967), An experiment in the analysis and prediction of time series, Statistician, 17, 257-268

DAVIES O.L. (ed.), (1963), The design and analysis of industrial experiments, 2nd ed., Oliver and Boyd, London

DAVIS H.T. (1963), The analysis of economic time series, Principia Press of Trinity University, San Antonio, Texas

DOOB J.L. (1964), Stochastic processes, 5th pr., John Wiley, New York

DWYER P.S. (1967), Some applications of matrix derivatives in multivariate analysis, J. Amer. Statist. Ass., 62, 607-625

DWYER P.S. & M.S. MACPHAIL (1948), Symbolic matrix derivatives, Ann. Math. Stat., 19, 517-534

EDGE B.L. & P.C. LIU (1970), Comparing power spectra computed by Blackman-Tukey and fast Fourier transform, Water Resour. Res., 6, 1601-1610

ENGLE R.F. & R. GARDNER (1976), Some finite sample properties of spectral estimators of a linear regression, Econometrica, 44, 149-165

FADDEJEW D.K. & W.N. FADDEJEWA (1973), Numerische Methoden der Linearen Algebra, 3. Aufl., VEB Dtsch. Verl. d. Wissenschaften, Berlin

FISHMAN G.S. (1971), Estimating sample size in computing simulation experiments, Management Sci., 18,1, 21-38

FISHMAN G.S. (1972), Bias considerations in simulation experiments, Opns. Res., 20,4, 785-790

FISHMAN G.S. & P.J. KIVIAT (1967), The analysis of simulation-generated time series, Management Sci., 13,7, 525-557

FISZ M. (1970), Wahrscheinlichkeitrechnung und mathematische Statistik, 5. Aufl., VEB Dtsch. Verl. d. Wissenschaften, Berlin

FÖRSTER W. (1969), Zerlegung und Lösung diskreter ökonomischer Prozeßmodelle, Verlag J.C.B. Mohr (Paul Siebeck), Tübingen

FRANKLIN P. (1958), An introduction to Fourier methods and Laplace transformation, Dover Publications, New York

FREEMAN H. (1965), Discrete-time systems, John Wiley, New York

FREIBERGER W. & U. GRENANDER (1971), A short course in computational probability and statistics, Springer-Verlag, New York, Heidelberg, Berlin

GIBBONS J.D. (1971), Nonparametric statistical inference, McGraw-Hill, New York

GILCHRIST W. (1976), Statistical forecasting, John Wiley, New York

GORDESCH J. & P. NAEVE (eds.), (1976), Proceedings in computational statistics (COMPSTAT 1976), Physica-Verlag, Wien

GRANGER C.W.J. (1966), The typical spectral shape of an economic variable, Econometrica, 34, 150-161

GRANGER C.W.J. & M. HATANAKA (1964), Spectral analysis of economic time series, Princeton University Press, Princeton, New Jersey

GRANGER C.W.J. & A.O. HUGHES (1968), Spectral analysis of short series - a simulation study, J. R. Statist. Soc., A,31, 83-99

GRANGER C.W.J. & O. MORGENSTERN (1970), Predictability of stock market prices, Heath&Co., Lexington

GRENANDER U. & M. ROSENBLATT (1965), Statistical analysis of stationary time series, Almquist & Wiksell, Stockholm

GRENANDER U. & G. SZEGÖ (1958), Toeplitz forms and their application, University of California Press, Berkeley and Los Angeles

HAJEK J. (1969), Nonparametric statistics, Holden-Day, San Francisco

HANNAN E.J. (1962), Time series analysis, reprint, Methuen, London

HANNAN E.J. (1970), Multiple time series, John Wiley, New York

HANNAN E.J. (1975), The estimation of ARMA models, Annals of Statistics, 3,4, 975-981

HARDIN J.C. & T.J. BROWN (1975), Further results on Kendalls autoregressive series, J. Appl. Prob., 12, 180-182

HARRIS B. (ed.), (1967), Spectral analysis of time series, John Wiley, New York

HOEFFDING W. (1948), A class of statistics with asymptotically normal distribution, Ann. Math. Stat., 19, 293-325

JAGLOM A.M. (1959), Einführung in die Theorie stationärer Zufallsfunktionen, Akademie-Verlag, Berlin

JENKINS G.M. & D.G. WATTS (1969), Spectral analysis and its applications, 2nd pr., Holden-Day, San Francisco

JENNRICH R.I. & P.F. SAMPSON (1976), Newton-Raphson and related algorithms for maximum likelihood variance component estimation, Technometrics, 18,1, 11-18

JÖHNK M.D. (1969), Erzeugen und Testen von Zufallszahlen, Physica-Verlag, Würzburg

JOHNSTON J. (1963), Econometric methods, McGraw-Hill, New York

JONES R.H. (1975), Fitting autoregressions, J. Amer. Statist. Ass., 70, 590-592

KEMPTHORNE O. (1965), The design and analysis of experiments, 4th pr., John Wiley, New York

KENDALL M.G. (1973), Time series, Charles Griffin & Co., London

KENDALL M.G. (1954), Note on bias in the estimation of autocorrelations, Biometrica, 41, 403-404

KENDALL M.G. & A. STUART, The advanced theory of statistics, Charles Griffin & Co., London
(1969), Vol. 1, 3rd edn.
(1973), Vol. 2, 3rd edn.
(1968), Vol. 3, 2nd edn.

KÖNIG H. & J. WOLTERS (1971), Spektralschätzungen stationärer stochastischer Prozesse. Eine Simulationsstudie, Jahrbücher f. Nationalökonomie und Statistik, 185, 142-162

KOOPMANS L.H. (1974), Spectral analysis of time series, Academic Press, New York and London

KREMER H. (1969), Praktische Berechnung des Spektrums mit der schnellen Fourier-Transformation, Elektron. Datenverarbeitung, 6, 281-284

KRISHNAIAH P.R. (ed.), Multivariate analysis, Academic Press, New York
(1966), Vol. I
(1969), Vol. II
(1973), Vol. III

LÄUTER J. (1974), Approximation des Hotelling'schen $T^2$ durch die F-Verteilung, Biometrische Zeitschr., 16,3

LEHMANN E.L. (1975), Nonparametrics, Holden-Day, San Francisco

LIGHTHILL M.J. (1962), Introduction to Fourier analysis and generalised functions, Cambridge University Press, Cambridge

LINDER A. (1964), Statistische Methoden, 4. Aufl., Birkhäuser Verlag, Basel

LINDGREN B.W. (1968), Statistical theory, 2nd edn., MacMillan, New York

LING R.F. (1974), Comparison of several algorithms for computing sample means and variances, J. Amer. Statist. Ass., 69, 859-866

MADDALA G.S. (1971), Generalised least-squares with an estimated variance-covariance matrix, Econometrica, 39, 23-33

MARIOTT F.H.C. & J.A. POPE (1954), Bias in the estimation of autocorrelations, Biometrica, 41, 390-402

MORRISON D.F. (1976), Multivariate statistical methods, 2nd edn., McGraw-Hill, New York

MUIR T. (1960), A treatise on the theory of determinants, Dover Publications, New York

NAEVE P. (1969), Spektralanalytische Methoden zur Analyse von ökonomischen Zeitreihen, Physica-Verlag, Würzburg

NAEVE P. (1974), Time series analysis and simulation, in: COMPSTAT 1974, Physica-Verlag, Wien, 373-383

NAEVE P. (1976), MSPAN - Ein Programmsystem zur Spektralanalyse von Zeitreihen, Diskussionsarbeit Nr. 4/1976 des Inst. f. Quant. Ökonomik u. Statistik an der Freien Universität Berlin, Berlin

NATANSON I.P. (1969), Theorie der Funktionen einer reellen Veränderlichen, 3. Aufl., Akademie-Verlag, Berlin

NAYLOR T.H. et al. (1966), Computer simulation techniques, John Wiley, New York

NAYLOR T.H. (1971), Computer simulation experiments with models of economic systems, John Wiley, New York

NEAVE H.R. (1972), Observations on "Spectral analysis of short series - a simulation study" by Granger and Hughes, J. R. Statist. Soc., A,135, 393-404

NEELY P.M. (1966), Comparison of several algorithms of means,standard deviations and correlation coefficients, Communications of the ACM, 9,7, 496-499

NELSON C.R. (1973), Applied time series analysis for managerial forecasting, Holden-Day, San Francisco

OLKIN I. & J.W. PRATT (1958), Unbiased estimation of certain correlation coefficients, Ann. Math. Stat., 29, 201-210

OTNES R.K. & L. ENOCHSON (1972), Digital time series analysis, John Wiley, New York

PAPOULIS A. (1962), The Fourier integral and its applications, McGraw-Hill, New York

PAPOULIS A. (1965), Probability, random variables and stochastic processes, McGraw-Hill, New York

PARZEN E. (1967), Time series analysis papers, Holden-Day, San Francisco

POWELL M.J.D. (1970), A survey of numerical methods for unconstrained optimization, Siam Review, 12, 79-97

PURI M.L. & P.K. SEN (1971), Nonparametric methods in multivariate analysis, John Wiley, New York

QUENOUILLE M.H. (1949), Approximate tests of correlation in time series, J. R. Statist. Soc., B,11, 68-84

QUENOUILLE M.H. (1956), Notes on bias in estimation, Biometrica, 43, 353-360

RAO C.R. (1973), Linear statistical inference and its applications, 2nd edn. John Wiley, New York

RENYI A. (1973), Wahrscheinlichkeitsrechnung mit einem Anhang über Informationstheorie, 4. Aufl., VEB Dtsch. Verl. d. Wissenschaften, Berlin

ROBINSON E.A. (1967), Multichannel time series analysis with digital computer programs, Holden-Day, San Francisco

ROSENBLATT M. (ed.), (1963), Proceedings of the symposium on time series analysis, John Wiley, New York

ROZANOV Y.A. (1967), Stationary random processes, Holden-Day, San Francisco

SARGAN J.D. (1953), An approximate treatment of the properties of the correlogram and periodogram, J. R. Statist. Soc., B,15, 140-152

SCHAERF M.C. (1964), Estimation of the covariance and autoregressive structure of a stationary time series, Stanford University Ph.D. thesis, Stanford

SHIBATA R. (1976), Selection of the order of an autoregressive model by Akaike's information criterion, Biometrika, 63,1, 117-126

STREITBERG B. & W. BIRKENFELD (1976), Analysing time series in APL, in: COMPSTAT 1976, Physica-Verlag, Wien, 388-396

TAMURA R. (1966), Multivariate nonparametric several-sample tests, Ann. Math. Stat., 37,1, 611-618

USBECK G. (1974), Zur Ermittlung optimaler Abtastintervalle bei der Bestimmung von Mittelwerten, Elektron. Informationsverarbeitung u. Kybernetik, 10,10, 627-639

WEDDERBURN R.W.M. (1976), On the existence and uniqueness of the maximum likelihood estimates for certain generalized linear models, Biometrika, 63,1, 27-32

WEINSTEIN A.S. (1958), Alternative definitions of the serial correlation coefficient in short autoregressive sequences, J. Amer. Statist. Ass., 53, 881-892

WETZEL W. (Hrsg.), (1970), Neuere Entwicklungen auf dem Gebiet der Zeitreihenanalyse, Vandenhoek & Ruprecht, Göttingen

WHITTLE P. (1963), Prediction and regulation, English Universities Press, London

WIENER N. (1949,1970), Extrapolation, interpolation and smoothing of stationary time series, reprint, The M.I.T. Press, Cambridge Ma.

WOLD H. (1954), A study in the analysis of stationary time series, Almquist & Wiksell, Stockholm

WOLTERS J. (1973), Spektralanalytische Schätzung linearer dynamischer Systeme, Verlag Anton Hain, Meisenheim am Glan

ZACKS S. (1971), The theory of statistical inference, John Wiley, New York

Namens - Verzeichnis

## Stichwort - Verzeichnis